中国地质调查成果 CGS 2022-026
国家自然科学基金"安徽栏杆含金刚石母岩及金刚石矿床指示矿物特征研究"项目(41402075)
中国地质调查局"钦杭成矿带武宁—平江地区钨铜多金属矿地质调查"项目(DD20190153)
中国地质调查局"华北和扬子金刚石矿产调查"项目(DD20160059)
江苏省自然科学基金"郯庐断裂西侧苏北地区碱性基性岩型金刚石及其包裹体对深部作用制约"项目(BK20191132)

联合资助

GLIMPSE AT DIAMONDS
发现金刚石

—— 来自地心的探险 ——

蔡逸涛　徐敏成　韩　双
肖丙建　骆汪尉　李　澄　等编著

中国地质大学出版社
CHINA UNIVERSITY OF GEOSCIENCES PRESS

图书在版编目(CIP)数据

发现金刚石:来自地心的探险／蔡逸涛等编著.—武汉:中国地质大学出版社,2022.7
ISBN 978-7-5625-5253-6

Ⅰ.①发… Ⅱ.①蔡… Ⅲ.①金刚石矿床-青少年读物 Ⅳ.①P619.24-49

中国版本图书馆 CIP 数据核字(2022)第 074461 号

发现金刚石:来自地心的探险		蔡逸涛 徐敏成 韩 双 等编著
		肖丙建 骆汪尉 李 澄

责任编辑:龙昭月	策划编辑:张琰 龙昭月	责任校对:徐蕾蕾

出版发行:中国地质大学出版社(武汉市洪山区鲁磨路388号)　　　　　　邮编:430074
电话:(027)67883511　　传真:(027)67883580　　　　　　E-mail:cbb@cug.edu.cn
经销:全国新华书店　　　　　　　　　　　　　　　　　　　http://cugp.cug.edu.cn
开本:880毫米×1230毫米　1/16　　　　　　　　　　字数:152千字　　印张:6.25
版次:2022年7月第1版　　　　　　　　　　　　　　　印次:2022年7月第1次印刷
印刷:武汉中远印务有限公司

ISBN 978-7-5625-5253-6　　　　　　　　　　　　　　　　　　　　　定价:39.00元

如有印装质量问题请与印刷厂联系调换

《发现金刚石：来自地心的探险》编委会

主　任：徐敏成

主　编：蔡逸涛　徐敏成

副主编：韩　双　肖丙建　骆汪尉　李　澄　李兆营

委　员：徐衍明　曹正琦　向　华　张　琪　万方来

　　　　张　洁　王玉峰　王国光　朱筱婷　孙建东

　　　　施建斌　董钟斗　周琦忠　黄文清　冯爱平

　　　　赵红娟　刘　潇　吕　青　范飞鹏　周　军

　　　　李海立

■ 序

近来,在辽南最著名的50号岩管南东侧1km处,在其深部277m处见到了角砾状金伯利岩。这一发现对找矿人而言无疑是"柳暗花明又一村"。山东郯城一带散落的大钻石来自何方?湖南的沅水仍然蕴藏数千万克拉优质钻石,她们的"母亲"又在哪里隐藏……

当代人对地球内部的认知:天然金刚石是来自上地幔的产物。金刚石是由碳元素组成的矿物,在高温高压的条件下结晶形成,是硬度之王。高品质的钻石洁白无瑕,光彩夺目。

中国寻找金刚石矿的潜力是有的,然而金刚石矿的寻找充满艰辛和探索。中国60多年的金刚石矿找矿勘查历史记载着中国地质工作者们长期的艰苦奋斗、科学探索和无私奉献。

衷心希望由蔡逸涛博士等专家编撰的《发现金刚石:来自地心的探险》一书能够激发年轻的朋友们踏上这艰难而神秘的探宝之旅。

原地质矿产部部长

2021年12月

前 言

金刚石,也称钻石,是一种极其稀少且具备高经济价值和战略价值的矿物资源,也是我国急缺的重要矿种之一。随着科学技术的进步,金刚石作为一种新型材料在新能源、高科技领域的地位越发重要。本书作者在多年从事宝石学、地质学和金刚石找矿等科研工作的基础上,在原地质矿产部部长宋瑞祥先生的直接指导下,面向高中生、大学生推出了这本科普读物。

全书分为六大部分。开篇引言以生动的笔触从地球的起源和演化的角度讲述了为什么要研究金刚石,以及它对我们认识地球的重要性。第一部分从4个成因假说讲述了金刚石是如何形成的;第二部分介绍了含金刚石的几种岩石;第三部分讲述了金刚石矿床的类型,并对国外和国内金刚石的各类典型矿床进行了介绍;第四部分交待了金刚石形成的苛刻条件;第五部分描述了金刚石是如何从一种稀有矿物变成人类的宠儿;第六部分介绍了目前国内和国外金刚石的资源格局。全书文字通俗易懂,并兼顾了学术专业性,适合具有一定地学知识基础的高中生和大学生。

全书的编写得到了相关单位和专家的大力支持。在此,向一直关心中国金刚石找矿事业的原地质矿产部部长宋瑞祥先生表示由衷的感谢,感谢中国地质调查局南京地质调查中心、金陵科技学院、辽宁省第六地质大队有限责任公司、山东省地质矿产勘查开发局第七地质大队、江苏省地质矿产局第五地质大队、安徽省地勘局第二水文工程地质勘查院、湖南省地质矿产勘查开发局四一三队、南京聚光精密仪器有限公司和浙江中宝检测有限公司等在本书编写过程中给予的支持。本书主要由江苏省自然科学基金"郯庐断裂西侧苏北地区碱性基性岩型金刚石及其包裹体对深部作用制约"(BK20191132)资助,还受到中国地质调查局"钦杭成矿带武宁—平江地区钨铜多金属矿地质调查"(DD20190153)、"华北和扬子金刚石矿产调查"(DD20160059)和国家自然科学基金"安徽栏杆含金刚石母岩及金刚石矿床指示矿物特征研究"(41402075)等项目的资助,在此一并致谢。

限于作者水平,书中难免出现错误和疏漏,敬请读者批评指正。

编著者
2021 年 2 月

目 录

引言　时间胶囊：金刚石 …………………… / 1
形成之谜 …………………………………… / 8
　岩浆结晶说 ………………………………… / 9
　捕虏晶成因说 ……………………………… / 10
　天外成因说 ………………………………… / 11
　超高压变质成因说 ………………………… / 12

神秘岩石 …………………………………… / 14
　金伯利岩 …………………………………… / 16
　钾镁煌斑岩 ………………………………… / 22
　碱性基性岩 ………………………………… / 26
　蛇绿岩套 …………………………………… / 28

发现宝藏 …………………………………… / 29
　金刚石原生矿 ……………………………… / 30
　金刚石次生砂矿 …………………………… / 35
　中国原生金刚石矿床背景 ………………… / 36
　中国典型金刚石矿床 ……………………… / 40

浴火而生 …………………………………… / 53
　极其严格的地质背景 ……………………… / 54
　苛刻的温度和压力条件 …………………… / 55
　碳的结晶 …………………………………… / 56
　形成时代的约束 …………………………… / 57

V

走向人类	/ 59
走向爱情神坛的金刚石	/ 60
金刚石的其他应用领域	/ 61

资源格局	/ 66
国际供需现状及产能分布格局	/ 67
中国金刚石资源现状	/ 76
中国金刚石产业现状	/ 80

主要参考文献	/ 82
后 记	/ 89

引言
时间胶囊：金刚石

非洲是人类的发源地，位于众大陆的中间。然而，在3亿年前的远古时期，非洲大陆并不存在。事实上，我们现在所熟知的陆地在当时都不存在，只有一个被海洋包围的超级巨大陆块，我们称之为盘古大陆。

在历史的某一天,这个被称为盘古大陆的超级大陆被地球内部上涌的圆柱状热地幔物质拱裂,大量炽热的岩浆迸发至地表,自寒武纪"生命大爆发"以来繁衍了3亿年的古生物群被摧毁,统一的超级大陆裂解成许多碎块。这种强大的地质力量不仅终结了一个超级大陆,而且开创出了板块分布的新格局,并从地球深部给我们带来了久远的研究线索。

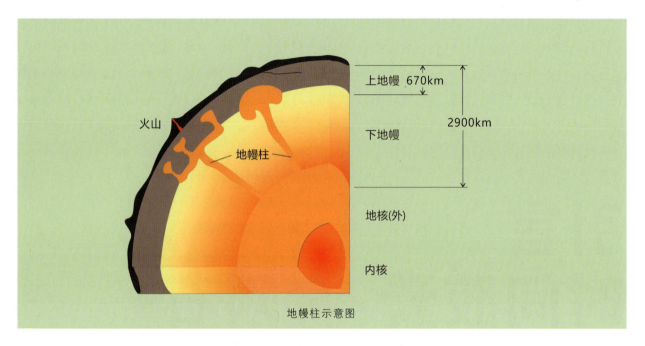

地幔柱示意图

我们的地球母亲实在是太古老了,她轻轻地从"窗口"处扔出一颗"时间胶囊",为我们了解她的过去提供了突破口。火山就是了解地球深部的"窗口",那颗"时间胶囊"就是一颗小小的"石头"——金刚石。

现今,由金刚石切磨而成的钻石因其晶莹剔透、美丽闪烁的外表而为全世界大多数女性所喜爱,集万千宠爱于一身。其实,这种小小的石头蕴藏着非洲大陆演化过程极为隐秘的线索。对于地质学家而言,金刚石的科研价值远比它的外表和价格更为重要。盘古大陆的分裂,说明了非洲从超大陆废墟中形成的过程,但是这里却隐藏着一个更为隐秘的秘密,那便是非洲大陆的起源比盘古大陆的更早。

金刚石的开采工作非常辛苦,每开采出10t岩石才有可能得到1ct(1ct=0.2g)的金刚石。因此,金刚石价格不菲。对于开采工人来说,这些小石头代表着支撑家庭生活的薪水;对于女士们来说,这些亮晶晶的石头代表着男士们对爱情的承诺;但是对于地质学家来说,这些小石头是大陆古老起源的"时间舱",其关键证据就是金刚石中原子的分布方式。

金刚石原石

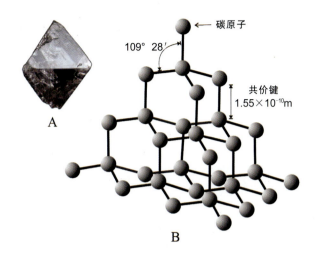

金刚石中碳原子分布图
A.金刚石原石；B.金刚石晶体结构图

金刚石是由碳原子构成的。每个碳原子周围都有4个碳原子紧密联合形成立方面心晶胞结构。这些碳原子只能在压强超过5万个大气压的条件下才能结合，而自然界中唯一可以拥有这么大压力的地方就是地球内部，即地表以下150~200km的深处。但是，如果温度过高，金刚石结构也无法稳定，因此，只有在特定的条件下，碳原子才能相互紧密结合，形成金刚石。这就需要一些特定的温压条件和特定的位置条件，而具有这样特定条件的地方我们称之为克拉通，也可以把它理解为稳定地块的巨大岩石底部。

这些岩石底部延伸到地下200km处，因为它是坚固的岩石，所以其温度要比周围的地幔低得多，这就意味着克拉通底部具备了形成金刚石的绝佳条件，因为只有在克拉通底部才具有形成金刚石所需的独特低温和高压环境。

科学家们通过金刚石内包裹体的放射性同位素测年告诉我们，这些金刚石具备30亿年的年龄。因此，能够产出金刚石的地方就能告诉我们这是一块与众不同的古老地块。

比如，塞拉利昂位于一个有数亿年之久的古老岩石之上，这块岩石叫西非克拉通，是地球最古老的陆块之一。然而，这块陆地并非非洲唯一最古老的。在非洲大陆上，拥有着5块这样的古老克拉通，每块都形成了独特的地质环境。在非洲南部，大部分地区的地下大陆属于克拉哈利克拉通，而在非洲东部的刚果克拉通形成了非洲最大的雨林之一，再向北，在撒哈拉沙漠下面存在着另一个古老大陆块，这些陆地可以追溯到大陆起源的初期。

30亿年前的地球和现在的很不一样，没有现在所见的非洲大陆，甚至其他大陆也不存在，只有几个散布在浩瀚海洋中的、类似"小岛"的克拉通。直到一些地质事件的发生，这种状态才得以被打破，从而使这些克拉通连接起来，并形成了盘古大陆。由于后来的地质事件，这块大陆分裂并部分形成非洲大陆。非洲出土的金刚石可以成为我们探索这一地质事件变化过程的线索。

经过切割和抛光，金刚石最终会变得光彩夺目，成为女性的装饰物。地质学家们青睐的含杂质金刚石往往被女性们摒弃，因为这些金刚石中含有微小的矿物包裹体，这些矿物在金刚石形成的时候便被包裹其中。利用金刚石里面的这些"杂质"，地质学家们可以探寻到发生在非洲大陆甚至地球上的一个最重要的地质事件，即首批大陆的形成。这些携带着"杂质"的金刚石是了解地幔物质组成的最完美"文物"，对其中包含杂质的颗粒进行研究分析可以获得有关大陆起源和演化的基础信息，从而揭开非洲克拉通连接的神秘面纱。

科学家们发现了含有紫红色石榴子石（原生矿物）的金刚石。这些漂亮的石榴子石起源于克拉通下方最古老的地幔，而形成这颗石榴子石的地幔的年龄约为35亿年。他们还发现了一颗含有橘色石榴子石的金刚石，橘色的石榴子石起源于榴辉岩,岩石年龄不足 30 亿年。榴辉岩是海洋地壳的残留物,这些海洋地壳的碎片被包裹于金刚石之中,而这颗金刚石在克拉通下方的 150～200km 处形成。那么源自海洋底部的海洋地壳碎片,即一层薄薄的高密度岩石,为何会进入位于克拉通底部的金刚石中呢?

金刚石中的紫红色石榴子石包裹体(引自 Tappert et al.,2011)

30 亿年前,坚硬的板块开始横向移动,板块之间相互挤压,海洋底部的高密度岩石开始下沉至克拉通下方,这个过程被称为俯冲运动。这种下沉运动对其上方陆地产生了巨大的影响。正是由于它的带动,很多克拉通被牵引到了一起。俯冲运动对超大陆的形成很重要,板块的运动使较小的大陆核通过大陆碰撞连接在了一起,从而能使陆块变大,最终形成一个超大陆。

最初,非洲克拉通也许就是海洋中一座孤立的小岛。然而在 30 亿年前,这一切发生了变化,随着各个岛屿的移动,它们相互碰撞并连接在了一起,形成了地球上首批大陆。最终,在 6 亿年前,俯冲运动使 5 个克拉通连接在了一起,形成一个叫冈瓦纳古陆的大陆。此后的 5 亿年里,地球都在发生着不寻常的变化,包括盘古大陆的形成及它在 1 亿年后的急剧毁灭。

35 亿年来,地球永不停歇地变化着,沧海桑田。这一切都能在闪闪发光的金刚石中找到线索。然而,这一颗颗小小的金刚石是如何形成的呢?它们从哪里来?又是如何进入人类视野的呢?为什么非洲大陆拥有如此丰富的金刚石资源呢?为什么俄罗斯能后来居上成为世界上最大的金刚石资源地?我们将在后面为你一一解答。

■ 延伸阅读：地质学家是如何寻找金刚石矿的？

金刚石的勘探工作方法主要包括地质路线法、重砂法、地球物理法、地球化学法、化探方法、工程验证法等。地质路线法通过地质学家的直接地质观察发现金伯利岩体、钾镁煌斑岩体和砂矿。重砂法通过寻找金刚石的指示矿物追索金刚石的原生供源体。地球物理法采用磁法、电法、重力等地球物理方法，有效地发现金伯利岩体或钾镁煌斑岩体，实现后继的找矿突破。地球化学法通过岩石化学、土壤化学、水化学的测量方法来圈定金伯利岩或钾镁煌斑岩的指示元素异常，从而寻找相关岩体。利用上述方法进行综合研究，如果判断存在异常可能是由金伯利岩所引起的，则可用工程手段（如钻探、浅井、槽探等）对异常进行验证，以期发现并最终确认金刚石原生矿体，同时钻探工程亦用于揭露深岩管深部的结构和含矿性，以及发现隐伏岩体。

地质路线法：直接找矿方法，是通过地质观察直接发现金伯利岩体和钾镁煌斑岩体的方法。这种方法一般适用于有主要找矿信息的成矿远景区。金伯利岩和钾镁煌斑岩均具有自身岩石和矿物特征组合标识，如主要造岩矿物是橄榄石（蛇纹石）、金云母（碳酸盐矿物）等矿物，但是金伯利岩、钾镁煌斑岩很容易遭受后期的蚀变作用（如硅化和碳酸盐化），使岩石变得坚硬，抗风化呈正地形裸露于地表，容易被人发现。如山东蒙阴6号岩管中的碳酸盐金伯利角砾岩就有露头，金伯利角砾岩出露在西峪村村后；辽宁42号岩管中的浮礁被地质专家发现；瓦房店地区强烈碳酸盐化的金伯利岩脉像堵小墙矗立在地面上，十分显眼。地质路线法既要发动群众报矿，又要仔细地观察，寻找与金伯利岩或与成矿有关的构造、蚀变带、充填物，通过详细的记录和综合研究，可能会取得意想不到的效果。

重砂法：间接找矿方法，是通过寻找金刚石指示矿物来追溯金刚石原生供源体的方法。其基本原理是金刚石的母岩金伯利岩或钾镁煌斑岩中含有大量与金刚石同生的矿物，即在高温高压条件下形成的硅酸盐矿物镁铝榴石、铬透辉石及镁钛铁矿、铬铁矿等，经风吹雨淋、流水冲刷，这些矿物扩散到周围广阔地区的冲坡积层中，通过不同的重砂方法选获金刚石及其指示矿物用以追溯金刚石原生矿体。这些矿物有强烈的指示意义。重砂法又分成水系重砂法、水系大样法、残破积网格法等。其中采用水系重砂法由下至上地追溯金刚石原生矿体是最有效且最常用的方法。水系大样法样品一般采自大水系的现代阶地和河漫滩。在阶地发育地区。首先选择高阶地的第四系发育地区,样品应尽量采自早起第四纪的底部砂砾石中。在使用和判断追溯目标时,要重视矿物组合。

磁法测量法:在地球物理方法中应用得最广泛的一种方法,因为含金刚石的母岩(金伯利岩或钾镁煌斑岩)中常含有一些磁性矿物,不同的岩石类型因含磁性矿物多少不一,磁性也不同,具有一定规模的金伯利岩大都是一个磁性体。因此,当代金刚石勘查方法首先采用航空磁法测量法。世界上很多金刚石地区成功的经验是只要发现一个金伯利岩岩管,采用磁法测量,区域上利用航空磁法扫面,就能发现一批金伯利岩体,从而取得找矿重大突破。这显示了运用物探方法寻找金伯利岩岩管的有效性。当然使用这一找矿方法要根据不同的地质条件、不同要求,设计好各种参数,才能取得好的找矿效果。

电法测量法:目前普查金伯利岩方法有直流电联合剖面法、直流电对称剖面法、电测深法、交流电感应法。这些方法有的已取得很好的初步效果,但尚未广泛应用。

重力测量法:金伯利岩与围岩之间存在密度差是重力测量的物理前提。

放射性测量法:金伯利岩与围岩放射性强度有一定差异,可利用这种放射性阶度差来寻找金伯利岩。

磁法测量法、电法测量法、重力测量法、放射性测量法都属于地球物理法。

地球化学法:金伯利岩是偏碱性的超基性岩,含有的碱性元素、超基性元素、稀土元素、挥发分元素等都有含量高的特征。如金伯利岩富含铬(Cr)、镍(Ni)、钴(Co)、钡(Ba)、钛(Ti)、磷(P)、铌(Nb)、钽(Ta)等元素,这些元素的含量往往是其他岩石的 5~12 倍;锑(Sb)、汞(Hg)、砷(As)等元素也高出多倍,而且较稳定,往往在岩体周围形成富集异常。上述元素经常扩散到岩体周围的残坡积物和河流冲积物中,形成原生晕、次生晕、水晕、分散流。因此,可以通过岩石化学、土壤化学、水化学的测量来圈定相关元素异常,从而寻找金伯利岩体。

化探方法:在不同的地区或在同一地区不同的金伯利岩岩管都有不同的效果,有时不同方法得到的异常是十分吻合的,均有显示。如辽宁 30 号岩管的磁法异常与金属测量的 Cr、Ni、Nb 等元素异常十分一致,世界上的大多数金伯利岩属于此类,化探工作可验证磁异常、电异常是否由金伯利岩引起。因为化探异常是元素异常、物质异常。

工程验证法：上述普查方法圈定出的重砂异常区、磁异常区、化探异常区，有的是单一异常区，有的是综合异常区。经过综合研究、分析和判读后，如果是由金伯利岩引起的异常，则利用工程手段进行验证并揭露金刚石原生矿，如钻探、浅井和槽探工程等。钻探工程适用于揭露深部矿体，特别是隐伏岩体。钻探需要打穿盖层，在施工时要采集各种样品以探查周围各种找矿信息，以达到验证目的。

辽宁八面体金刚石（蔡逸涛 摄）

形成之谜

绝大多数科学家认为金刚石主要形成于地幔，通过地球内部的地质作用而被带至地表，但是有关金刚石矿床成因的争议却由来已久。其中最为流行的观点有两种：一种是岩浆结晶说，另一种是捕虏晶成因说。除此之外，在地壳中也发现了不少原生的金刚石，因此，还出现了陨石撞击成因、大陆俯冲板块折返成因及外太空起源等假说。

岩浆结晶说

这个假说在20世纪80年代以前占主导地位。它认为金刚石是在金伯利岩中结晶形成的，其形成的原理就好比在冷却的过饱和食盐水中得到食盐晶体的过程。岩浆结晶成因的主要观点认为，在金伯利岩岩浆从上地幔快速上升到地表并爆发的过程中，由于温度、压力降低，金刚石直接从岩浆中结晶出来，即在岩浆上升侵位及爆发成矿过程中可结晶出细粒、自形的金刚石。金刚石的颗粒大小、品质好坏有赖于结晶条件的好坏，结晶条件好则结晶出较大颗粒的金刚石，结晶条件差则结晶出小颗粒的金刚石，并且金刚石在结晶之后，在岩浆中受到了熔蚀作用的影响。

然而，目前来看，这一观点具有较大的缺陷，比如以下问题无法得到科学的解释。

首先，同一个金伯利岩岩管（或岩筒）中往往会存在不同年代的金刚石（金刚石形成的时间不同）。如博茨瓦纳奥拉帕岩管中出土的金刚石有29亿年的，同时也有10亿年左右的。

其次，如果金刚石是从金伯利岩中结晶出来的，那么两者的形成时间应该差别不大。实际情况是金刚石的年龄和金伯利岩岩管的年龄往往不一样，而且较多的情况是金刚石的年龄比较古老，而金伯利岩岩管的年龄比较年轻。

再次，如果金刚石都是在金伯利岩中结晶出来的，为什么同一地区的金伯利岩岩管群含矿性区别非常之大：有的金伯利岩岩管中富集金刚石，而有的几乎不含金刚石。

金伯利岩岩管年龄和金刚石年龄 (据 Kirkley et al.,1991)

岩管地点	岩管类型	岩管年龄/亿年	金刚石年龄/亿年
南非芬什	金伯利岩型	1	33
南非芬什	金伯利岩型	1	16
南非普列米尔	金伯利岩型	11~12	12
博茨瓦纳奥拉帕	金伯利岩型	1	10
澳大利亚阿盖尔	钾镁煌斑岩型	11~12	16

最后，金刚石中往往存在丰富的包裹体。这些包裹体中矿物的类型很多，形成条件不尽相同，说明这些金刚石应该形成于不同时期、不同环境。

因此，由于以上无法解决的问题，科学家们在20世纪80年代提出了新的观点，而这一成因假说就此搁置了。然而，新方法新技术的应用使得早先被摒弃的岩浆结晶说有了新的支撑证据。国外学者通过金刚石中硫化物包裹体的Re-Os测年工作发现南非Koffiefontein金伯利岩中的金刚石具有(69±30)Ma的年龄，而这代表了金刚石的结晶年龄，与金伯利岩的侵位年龄(90Ma)接近。这一发现使得科学家们不得不重新审视金刚石的成因学说。

捕虏晶成因说

进入20世纪80年代初期，由于在澳大利亚西部发现了新类型的橄榄金云火山岩型金刚石原生矿床，也就是钾镁煌斑岩型金刚石原生矿，加上对超基性岩中幔源捕虏体和金刚石内包裹体矿物的深入研究和同位素地质学的发展，现在有越来越多的地质学家赞同捕虏晶成因说。近几十年的科研成果让人们改变了过去传统的结晶成因观点，而倾向于地幔成因观点，即金伯利岩岩浆或者钾镁煌斑岩岩浆只是一个载体，其作用仅是把在地幔中已经形成的金刚石带出地表，相当于金刚石是"乘客"，而岩浆为"高铁"。

Taylor(2004)发表的上地幔成因模型为目前主流观点的基础。当洋壳俯冲到一定深度后，在温度条件适合时，洋壳发生部分熔融，产生的岩浆上升到达地壳结晶成古老的TTG组合，熔融的残留或未熔融的榴辉岩与橄榄岩一同垫底于大陆古老克拉通岩石圈根的底部，在金刚石稳定区结晶了E型金刚石。

捕虏晶成因说的观点如下。

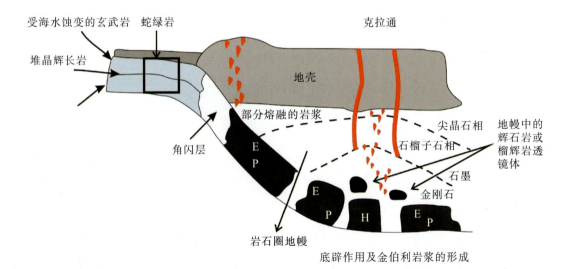

主流的金刚石上地幔成因模型(据Taylor，2004；图右侧主要表示了一个古老克拉通下部厚的岩石圈根，一般有200km的深度)

E.榴辉岩；P.橄榄岩；H.方辉橄榄岩

(1)不同来源的碳在地幔环境下结晶形成金刚石,并以金刚石源岩体的形式保存在上地幔。

(2)深部热扰动导致地幔部分熔融形成超基性岩浆,这些岩浆捕获(裹挟)金刚石形成含金刚石岩浆。

(3)受区域构造控制,含金刚石超基性岩浆携带金刚石快速上升,在地表以爆发岩管为主要形式形成含金刚石金伯利岩或者含金刚石钾镁煌斑岩。随着岩浆冷却,金刚石残留在金伯利岩岩管(岩筒)或者钾镁煌斑岩岩管(岩筒)中。

天外成因说

天外成因也就是宇宙成因。人们在南极和美国的亚利桑那州发现一些陨石中含有极微小的金刚石晶体。2004年,哈佛–史密松森天体物理中心(Harvard–Smithsonian Center for Astrophysics)宣布了碳结晶星BPM37093的

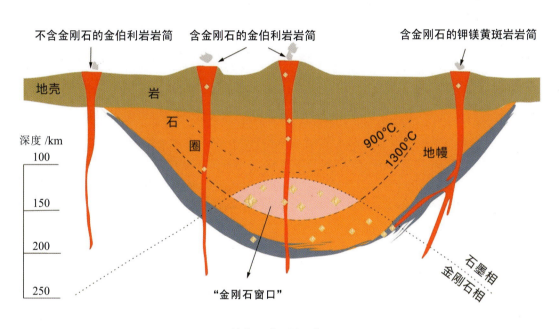

捕虏晶成因说示意图

发现。BPM37093是银河系中为人们所认识的最大金刚石,位于半人马座,重1×10^{34}ct,但目前陨石成因的金刚石还不具有工业价值。

另一种说法是,自地球诞生以来,不断被陨石所撞击,在撞击产生的高温高压条件下,金刚石形成了。例如,当一个10km直径的小行星撞击地球时,其冲击速度可达15~20km/s。这种冲击所能产生的温度和压力已达到金刚石形成需要的条件。20世纪70年代,苏联地质学家在西伯利亚东部一片直径超过100km的陨石坑下面,发现了世界上最大的金刚石坑"珀匹盖"(Popigai)。该矿场的直径约为35mi(1mi=1.609km),迄今已有约3500万年的历史,由于受地表剥蚀作用现已几乎看不到原貌。珀匹盖金刚石直径为1mm左右,被认为是纳米级金刚石集合体。

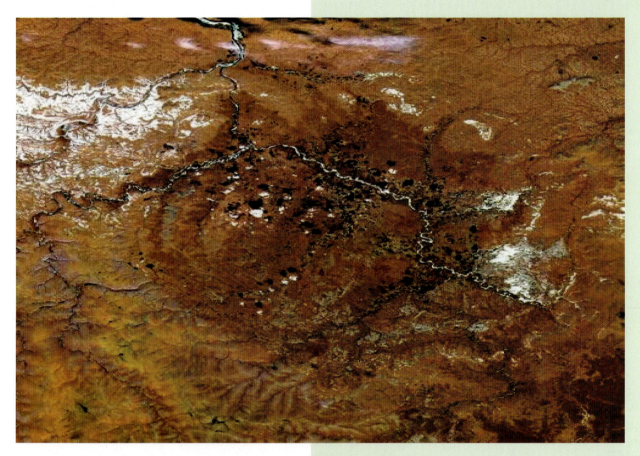

西伯利亚地区珀匹盖冲击陨石坑（Popigai Crater）的卫星照片（受剥蚀作用影响，原地貌几乎不可见；图片来源：NASA）

 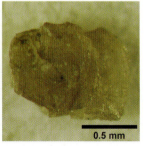

珀匹盖金刚石（直径为 1mm 左右，被认为是纳米级金刚石集合体；据 Ohfuji et al.,2015）

超高压变质成因说

除了地幔中发现的金刚石，地壳中也存在金刚石。在中亚地区,如在哈萨克斯坦 Kokchetav 地块和中国的苏鲁—大别山地区的变质岩中，金刚石作为这些岩石的副组分出现。这些地区的金刚石赋存于片麻岩和榴辉岩等地壳岩石中。大陆板块的碰撞导致岩石经历了短暂的高压变质作用。金刚石就是在高压环境下产生的，但是由此产生的变质金刚石非常小，通常为微米级。此外，挪威的西部片麻岩地区和德国的 Erzgebirge 地区也发现了此种类型的金刚石。

1929 年，苏联地质学家 P. L. Draverte 在哈

萨克斯坦北部 Kokchetav 地区 Zhanasu 河的砂金矿中发现金刚石，随后 M. A. Abdulkabirova 等人在该地区发现榴辉岩并推测榴辉岩与金刚石之间可能存在某种联系。此后，苏联地矿部门非常重视在这一地区开展寻找金刚石的工作，并多次发现了金刚石。在 20 世纪 70 年代，由 A. A. Zayachkovsky 和 Y. M. Zorin 率领的 Kokchetav 地质勘查与研究队在该地区开展了 10 多年的地质调查工作。他们在 Kumdy 湖周边采集了 10m³ 的榴辉岩、片麻岩和石榴子石辉石碳酸盐岩等，从中分选出大量金刚石。基于这些资料，他们认为本地区的金刚石形成于具有某种特殊环境的表壳岩中。在长期的地质勘察过程中，他们进行了大量的坑探和钻井，基本上查明了原生金刚石矿床的分布规律，金刚石储量达到 30 万 ct 以上。

哈萨克斯坦北部的 Kokchetav 金刚石矿床是世界上第一例变质金刚石矿床（目前仍是唯一一例变质金刚石矿床，中国的苏鲁-大别山超高压带仅仅发现了金刚石但并未形成矿床）。该矿床的发现不仅极大地推动了大陆动力学和超高压变质岩的研究，而且还从根本上改变了当时学术界对大陆动力学的认知。Kokchetav 金刚石矿床中的金刚石均为变质金刚石，主要表现出蜂窝状或草莓状聚晶。这种金刚石聚晶是金刚石细晶粒在快速生长条件下结晶的结果。

20 世纪 90 年代以后，基于 Kokchetav 地区金刚石的研究成果，人们推断部分地壳物质可以俯冲到深度大于 120km 的地幔深处。随后，人们在世界各地陆续发现了变质成因的金刚石。这些金刚石颗粒微小，粒径大多集中于 10～70μm，最大的约 130μm，不同地区金刚石的粒度存在着些许差异，同时它们的形态特征各异，具有非常重要的成因意义。研究显示，超高压变质带中的金刚石主要呈微粒状赋存于富碳的变泥质岩和大理岩及石榴辉石岩和榴辉岩内，并且大多以包裹体的形式产出于石榴子石和锆石中。

超高压变质带处的金刚石形成于陆壳-陆壳或者洋壳-陆壳的俯冲碰撞环境，形成温度主要为 600～1000℃，形成压力大都大于 3GPa。同位素年代学研究表明，变质金刚石形成年龄（变质作用峰期年龄）较其他类型的金刚石更为年轻，除中国的苏鲁—大别山（240～220Ma）、罗多彼（119Ma）、波霍尔耶山（95～92Ma）、采尔马特（35Ma）地区的变质金刚石在年龄上略有差异外，其他区域变质型金刚石的形成时间大多介于 540～340Ma 之间。

除了上述这些成因假说之外，科学家们采用电子显微镜对一些金刚石进行研究发现，有些立方体晶形的金刚石晶体核部还具有一个八面体晶形的金刚石核，因此提出了"二次形成说"这一观点。除了在变质岩中存在外，在澳大利亚西部杰克山的碎屑锆石晶体中还发现了以包裹体形式存在的微小金刚石。这些锆石是已知最古老的矿物之一，年龄可达 42 亿年。由此可以推断，这些以包裹体形式存在的金刚石，其年龄可能远大于 42 亿年。

然而，金刚石的成因是一个十分复杂的问题。它形成于古老克拉通的岩石圈地幔中，其深度涉及到下地幔。是否存在岩浆结晶的金刚石？超深金刚石为什么仍然以金伯利岩的捕虏晶出现？它的结晶过程与熔体/流体有何关系？这些难解之谜有待科学家们今后的继续研究。

神秘岩石

不论金刚石矿床是何种成因的,原生的金刚石在地表一定是作为矿物赋存在岩石中的。原生金刚石主要来自两种岩石类型:一种为橄榄岩类(也称为P型),另一种为榴辉岩类(也称为E型),两者都具有经济价值。这两种类型的岩石又分别来自于两种金刚石原生矿:金伯利岩和钾镁煌斑岩。金伯利岩和钾镁煌斑岩均是由火山爆发作用产生的,形成于地幔深处,由火山喷发将金刚石带到地球浅部或地表,它们多呈岩管状产出,还有岩脉、岩床、岩墙等形态。

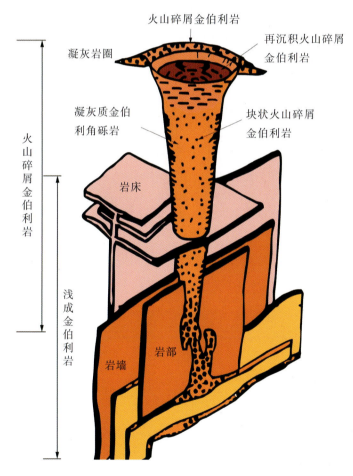

典型的金伯利岩岩管(岩筒)示意图

在金伯利岩和钾镁煌斑岩中可形成大型金刚石矿床的观点已被广泛接受。这两种类型的金刚石原生矿已成为当今世界金刚石矿床勘查的主要对象。科学家们认为,目前所知产

金刚石的岩石类型主要包括金伯利岩、钾镁煌斑岩、榴辉岩(蛇绿岩杂岩中的榴辉岩和片麻岩、结晶片岩中的榴辉岩)、蛇绿岩套、碱性超基性(火山)杂岩、碱性超基性煌斑岩和橄榄岩类(蛇绿岩杂岩中的方辉橄榄岩、片麻岩中的石榴子石橄榄岩、纯橄岩等)等多种偏碱性超镁铁质岩石。近年来,杨经绥院士团队在我国雅鲁藏布江缝合带的6个蛇绿岩型地幔橄榄岩体和缅甸密支那的蛇绿岩中均发现了金刚石等超高压矿物。蔡逸涛等在我国安徽北部和江苏北部的碱性基性岩中也发现了大量的微粒金刚石。因此,对金刚石母岩类型的认识过程为金伯利岩→钾镁煌斑岩→超铁镁质岩石→超基性—基性碱性岩。

虽然原生金刚石矿主要赋存于金伯利岩与钾镁煌斑岩中,但并不是所有的金伯利岩与钾镁煌斑岩均含矿,只有少部分(约10%)岩体含金刚石,且仅1%左右的岩体具有经济价值。因此,在金刚石原生矿的研究中,对岩体含矿性的评价具有非常重要的意义。

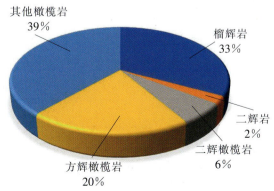

其他可能含金刚石的超基性岩类型

金伯利岩

金伯利岩（kimberlite）是一种蛇纹石化的斑状金云母橄榄岩。金伯利岩在自然界分布很少，一般呈小的侵入体产出，出露面积占地表出露的所有火成岩总面积的0.1%以下，是一种不常见的岩石类型，属于浅成—超浅成火成岩。但是，金伯利岩在岩石学特别是深部地质研究和国民经济中都占有重要的地位。

在学术价值上，金伯利岩是自然界中起源深度最大的火成岩之一。它来自150～200km的地幔岩石圈下部，最初的流体可能来自地幔过渡带，往往还携带地幔橄榄岩和下地壳岩石捕虏体，保存了大量的深部物质组成和地质过程的记录，能够提供深达200km范围内的岩石类型、矿物组成、地球化学特征、温度及应力状态等有关的信息，是科学家们研究地球内部的重要窗口。

在经济价值上，金伯利岩与金刚石这一昂贵的宝石资源有着极为密切的联系，是金刚石的主要母岩。世界上绝大多数具宝石价值的金刚石常产于金伯利岩中。例如，世界上最大的宝石级金刚石"库利南"（Cullinan，重3106ct）就产于南非普列米尔（Premier）金伯利岩岩管中。

金伯利岩（引自维基百科）

安徽栏杆地区碱性基性岩中的金刚石（32×）

1870 年，南非首次发现了含原生金刚石的杜突依斯潘（Dutoispan）金伯利岩岩筒，之后又相继发现了金伯利（Kimberley）、戴比尔斯（De Beers）、巴尔弗坦（Bultfontein）等著名的富含金刚石的金伯利岩岩筒，并自此揭开了人类研究金伯利岩及原生金刚石矿床的篇章。截至 2001 年，全球共发现 5000 多个金伯利岩岩筒，其中具有重要经济价值的有 100 多个，占全部岩筒数量的 2%。我国最早在贵州发现了原生金伯利岩，而后又于 1965 年和 1970 年相继发现了位于山东蒙阴和辽宁大连瓦房店（原复县地区）的两个含金刚石金伯利岩岩管，其中辽宁大连瓦房店地区 50 号岩管产出的金刚石品质上乘，在国际市场上广受欢迎。

大多数金伯利岩蚀变得非常强烈，其原生矿物和岩石结构保存很差。不过，大量研究表明，金伯利岩的矿物成分非常复杂，不仅含有从岩浆中直接结晶出来的矿物，如橄榄石、金云母、钛铁矿、尖晶石

中国首次发现的金伯利岩——贵州马坪东风一号岩体金伯利岩（蔡逸涛 摄）

辽宁大连瓦房店 50 号岩管俯视图（已闭坑）（蔡逸涛 摄）

（铬铁矿）、钙钛矿、磷灰石、锆石等，还含有岩浆在源区及上升途中携带的地幔和地壳物质解体后的捕虏晶（外来的矿物），如粗晶橄榄石、镁铝榴石、铬铁矿、金刚石、锆石等。此外，由于岩浆富含挥发分，金伯利岩中还会出现碳酸盐及含水硅酸盐矿物。

矿物组成

组成金伯利岩的矿物种类很多。据统计仅我国辽宁大连瓦房店和山东蒙阴两个岩区已经发现金伯利岩的矿物种类就已达到86种。下面向大家介绍最主要的矿物类型及特征。

◎**橄榄石**：金伯利岩中含量最高的矿物，一般可分为3个世代。第一世代为橄榄石粗晶（macrocrystal），呈浑圆状或卵圆形，粒径多为2～4mm，最大可达1cm，成分为镁橄榄石；第二世代为橄榄石斑晶，自形好，具完好的六边形，粒径一般小于2mm，成分也是镁橄榄石；第三世代为基质橄榄石，颗粒小，成分为镁橄榄石或钙镁橄榄石。在我国金伯利岩中，几乎所有的橄榄石都遭受了强烈的自交代作用，形成蛇纹石及碳酸盐岩的假象。多数人认为，粗晶橄榄石不是岩浆直接结晶的产物，而是地幔的捕虏晶。

金伯利岩中的橄榄石斑晶

◎**石榴子石**：金伯利岩中的重要矿物，其中高铬低钙的镁铝榴石与金刚石具有密切共生关系，因此在找矿方面意义重大。石榴子石常呈粗晶及巨晶（megacrystal）产出。粗晶为地幔的捕虏晶，巨晶为金伯利岩岩浆早期结晶的产物。粗晶石榴子石常呈浑圆状，经常出现次变边，次变边为褐色、暗绿色至黑色，由单斜辉石、斜方辉石、尖晶石、金云母、蛇纹石及隐晶质组成，被称为次变石榴子石（kelyphite）。这是由来源于地幔的石榴子石从其稳定区迁移出来后发生了分解和反应所致。石榴子石的成分主要为镁铝榴石-铁铝榴石-钙铝榴石系列，表现出一定的变化范围。含Cr_2O_3高、CaO低者为紫色，含MgO高者为粉红色，含FeO高者为橙色或深红色。粗晶多为紫红色—粉红色系列，巨晶为橙色系列。与金刚石密切伴生的是CaO含量小于3%且Cr_2O_3含量大于4%的紫红色镁铝榴石。

金伯利岩中的石榴子石矿物(划圈的部分)(蔡逸涛 摄)

◎**金云母**：金伯利岩中同样会有3个世代的金云母(巨晶、斑晶和基质)。它们多是岩浆结晶形成的，区别在于结晶的时间不同。巨晶结晶于高压的条件，晶体大，粒径可达数厘米，有熔蚀边和暗化边，正交偏光显微镜下也可发现波状消光的现象；斑晶结晶于岩浆上升的途中；基质结晶于岩体侵位之后。

金伯利岩中的金云母(蔡逸涛 摄)

◎**尖晶石**：在金伯利岩中呈粗晶和基质产出，虽然数量不多但十分普遍。粗晶尖晶石源于地幔，也常发育有反应边，其反应边的主要成分为磁铁矿。粗晶尖晶石的粒径一般为0.1～0.5mm，呈浑圆状，而基质尖晶石的粒径则小于0.08mm，自形好。尖晶石的颜色随Cr_2O_3含量的升高由透明的暗褐红色变为不透明。铬含量高的铬尖晶石是寻找金伯利岩的指示矿物。

◎**富钛矿物**：包括钛铁矿、钙钛矿、金红石、镁钛铁矿、沂蒙矿等。前3种为岩浆结晶成因，普遍出现于金伯利岩的基质中；镁钛铁矿多为地幔来源的粗晶；沂蒙矿为地幔交代作用的产物，是我国学者在山东蒙阴金伯利岩岩区红旗27号岩脉中首次发现的，粒径0.5～2mm，黑色，不透明，金属光泽，片状及薄板状。它与镁钛铁矿都是寻找金刚石的指示矿物。

◎**蚀变矿物**：受流体交代形成的矿物。金伯利岩中最常见的蚀变矿物是蛇纹石、碳酸盐类矿物、绿泥石等，它们一般呈集合体交代假象出现。有时可以在显微镜下见到蛇纹石与碳酸盐类矿物呈环带状交代橄榄石，暗示交代流体的成分具H_2O和CO_2交互作用的特征。

除上述矿物外，金伯利岩中还有磷灰石、锆石、硫化物、自然元素（如自然铁、自然银、自然铜、自然锡、自然硅等）、元素互化物（碳化硅、碳化钨、硅铁矿等）。后3类矿物的出现反映了极端还原的结晶环境，这与金刚石形成于还原环境的特征相吻合。

另外，科学家们还在金伯利岩人工重砂中发现许多直径小于1mm的非晶质或晶质熔离小球。它按成分可分为3种类型，即高铁钛小球、硫铁镍小球和浅色硅铝质小球。熔离小球是在岩浆结晶的晚期阶段形成的，相对富含CO_2、SO_2、FeO、MnO、TiO_2。

岩石结构

金伯利岩是由地幔物质、岩浆及挥发分3种组分固结形成的岩石。这一特征不仅表现在矿物的类型方面，也表现在结构方面。其常见的结构介绍如下。

◎**粗晶斑状结构**：金伯利岩中最常见的结构类型，岩浆在源区捕虏地幔橄榄岩解体的橄榄石形成了这种结构。其特点是粗粒浑圆状的橄榄石分散在基质中，手标本尺度观察十分清

辽宁50号岩筒中风化金伯利岩（蔡逸涛 摄）

楚。巨晶有时与粗晶难以区别，但巨晶个体更大，一般大于1cm，最大可达数十厘米。巨晶在岩石中分布不均匀，且数量很少，显示出不等粒结构。

◎ **显微斑状结构**：在显微镜尺度下观察，自形的斑晶均匀地分散于基质之中，斑晶为橄榄石及少量金云母，橄榄石多蛇纹石化。

◎ **自交代结构**：在与金伯利岩岩浆活动相关流体的参与下（并非来自围岩或大气循环水），橄榄石或石榴子石受到自交代作用后，随着交代作用的增强依次形成网环结构（沿裂隙交代）、交代残余结构（交代作用不完全，矿物内部仍保留的新鲜部分）、交代环带结构（交代产物不止一种并形成环带）及交代假象结构（完全交代未见残留）等。

金伯利岩的构造包括块状构造、角砾状构造及岩球构造等。角砾状构造的角砾有围岩来源的也有地幔来源的，它们不均匀地分布于金伯利岩中，便形成了这种构造。岩球构造是指在岩石中有金伯利岩成分的球体，球体直径变化于0.02~10cm之间，球体的核心为矿物碎屑，外围为细粒金伯利岩，这些球体又为粗晶金伯利岩所胶结。

岩石化学特征

金伯利岩的化学成分中MgO含量高，富含挥发分，SiO_2和Al_2O_3含量低。金伯利岩属SiO_2不饱和岩类。它与一般的橄榄岩类的相同之处：SiO_2含量低，一般小于40%，少部分高于40%；微量元素中的相容元素Cr、Ni、Co含量高。它与橄榄岩的不同之处：K_2O、Na_2O及不相容元素Rb、Ba、Nb、LREE等含量高，且K_2O含量高于Na_2O含量。此外，金伯利岩富含挥发分H_2O和CO_2。

产状和类型

世界上的金伯利岩几乎都分布在稳定板块（克拉通）的内部，如南非、西伯利亚、南美洲、加拿大、澳大利亚、印度和中国华北克拉通等。金伯利岩的形成时代主要为元古宙（以澳大利亚、印度为代表）、古生代[以欧洲、俄罗斯（西伯利亚）和中国为代表]和中生代（以南非和加拿大为代表），少量的形成于古近纪—新近纪，比如加拿大的Lac de Gras地区。

金伯利岩岩体常呈岩脉、岩筒或岩管产出，但规模都很小，岩管直径仅数百米，形成浅成相或超浅成相，也可以溢出地表形成火山口相。

根据在南非开采金刚石过程中对金伯利岩的揭露，Mitchell(1986)提出了金伯利岩岩浆侵位的理想模式，即自下而上划分出了根部相（包括浅成的岩墙、岩床）、火山通道相（火山颈）和火山口相，不同相出现的岩石类型不同，常见的有粗晶斑状金伯利岩（浅成相）、细粒金伯利岩（浅成相）、金伯利凝灰岩（火山通道相）、岩球金伯利岩（火山通道相）及金伯利角砾岩（火山通道相）。在此基础上，Field和Smith(1999)及Skinner和Marsh(2004)结合对南非和加拿大金伯利岩筒的研究将金伯利岩岩筒分为3种类型：第一种类型的金伯利岩岩筒由火山颈相、过渡相、浅成相和火山口相组成，其火山口相以球状岩浆碎屑（pelletal magma clasts）和大量的微晶质透辉石为特征；第二种和第三种类型的金伯利岩岩筒均由浅成相和火山口相组成，但是其火山口相不同。其中，第二种类型的金伯利岩岩筒的火山口相主要为火成碎屑金伯利岩（pyroclastic kimberlite）和类似变形虫的角砾岩，第三种类型的金伯利岩岩筒主要为再沉积的火山碎屑金伯利岩(resedimented pyroclastic kimberlite)和棱角状的岩浆碎屑(angular magma clasts)。

金伯利岩成因

岩石学和地球化学研究表明,金伯利岩并不是单一岩浆结晶的产物,而是一种包含固态物质(如地幔与地壳物质解体的捕虏晶)和富含挥发分的"粥"状熔浆结晶形成的。因此,它由熔体、地幔与地壳固态物质及挥发分这3种组分组成。

一般认为,与金伯利岩有关的岩浆是在150km以下的地幔深处由石榴子石橄榄岩在含H_2O和CO_2的条件下经低程度的部分熔融作用形成的。Ringwood等(1992)认为,金伯利岩是交代的方辉橄榄岩发生低程度部分熔融的产物。池际尚等(1996)认为,金伯利岩及橄榄钾镁煌斑岩都处于地幔-岩浆-流体三组分体系中,在一定的岩石圈动力学环境里,是由地幔物质、低程度熔融的富钾超镁铁—镁铁质岩浆及以C、H、O、N、S为主要成分的流体这3种端元进行相互反应、混合而固结形成的混染岩(hybrid rock)。

据Kamenetsky等(2008)认为,最初形成的熔体(原金伯利岩浆)是一种富氯化物和碳酸盐的流体,其SiO_2含量很低。在岩浆上升的过程中,由于与地幔岩石的相互作用,才逐渐变成金伯利岩岩浆。流体与地幔相互作用,即流体同化橄榄石和其他地幔矿物而使其MgO含量升高,最后形成了低硅高镁的成分特点。Kamenetsky等(2004,2008)利用Udachnaya金伯利岩中橄榄石内辉石和石榴子石包裹体,推断了这些捕虏晶是在岩石圈地幔的下部结晶的,压力相当于5GPa,温度为900~1000℃。据研究,原金伯利岩(proto-kimberlite)流体来源很深,可能来自地幔过渡带,这些流体是由于橄榄石发生压实作用而向上迁移的。

在这些认识的基础上,Arndt等(2010)提出了金伯利岩形成的两阶段模式。第一阶段,在地幔深处(可能是地幔过渡带)产生的富CO_2流体在岩石圈底部聚集,形成富流体囊,流体与周围的岩石反应,消耗掉辉石和石榴子石,只留下橄榄石。因此,由于交代作用,在流体囊周围就形成纯橄榄岩,远离流体囊形成二辉橄榄岩。第二阶段,由于流体囊中的压力作用,周围的橄榄岩发生破裂,先前被辉石和石榴子石混染的流体进入到裂隙中向地表快速流动,并在上升过程中,会先后捕虏纯橄榄岩和其他类型的橄榄岩。

近年来的研究表明,有经济价值的金刚石不是岩浆结晶形成的,而是地幔的捕虏晶。所以,金伯利岩中地幔物质,例如粗晶橄榄石的含量愈高,含金刚石性就愈好。

钾镁煌斑岩

20世纪70年代末,地质学家在澳大利亚的西澳大利亚州地区发现了含金刚石的钾镁煌斑岩,虽然金刚石质量较差,但品位极高,引起了世人的瞩目。它在岩石学分类中的位置不太确定,可以认为是金伯利岩与煌斑岩的过渡类型,分布极少。

矿物组成

与金伯利岩相比,钾镁煌斑岩(lamproite)的SiO_2含量高,MgO、K_2O含量高于一般的镁铁质岩,Al_2O_3含量低,因此,是一种过钾质的岩类。矿物中除含有橄榄石(粗晶及斑晶)、金云母(斑晶及嵌晶)外,还可含钾碱镁闪石和白榴子石、透辉石；副矿物的类型复杂，但以含钛矿物为主，也含有铬铁矿、石榴子石和硫化物等。钾镁煌斑岩的基质中可以含有玻璃质，但大多已脱玻化，这是与金伯利岩的不同之处。此外，钾镁煌斑岩中金云母的TiO_2含量比金伯利岩中的高，这与全岩TiO_2含量高有关。

西澳大利亚州的钾镁煌斑岩（引自维基百科）

主要种类

橄榄钾镁煌斑岩含橄榄石粗晶和／或橄榄石斑晶、金云母透辉石斑晶，基质颗粒较小，可以有透辉石、金云母以及副矿物。有些岩石的基质金云母形成嵌晶，包裹了上述斑晶，形成嵌晶结构。十分典型的是橄榄石粗晶常被由细小自形的橄榄石集合体组成的边缘包围，形成了犬牙状结构。基质中可有玻璃质，但数量较少，这类钾镁煌斑岩可以含金刚石。

白榴钾镁煌斑岩斑晶中含白榴子石且数量较多，也可含橄榄石、透辉石和金云母的斑晶，但没有橄榄石粗晶，不含金刚石。

栏杆地区碱性基性岩中金刚石的镜下照片（蔡逸涛　摄）

延伸阅读：唯一的钾镁煌斑岩型矿床
——澳大利亚阿盖尔矿区（于 2020 年 11 月 3 日关闭）

2020 年 11 月 3 日，力拓集团在其官网宣布已经经营了 37 年的阿盖尔矿区迎来了开采的最后一天。这个曾经全球最大的钾镁煌斑岩型金刚石矿区就这样关门停业了。

阿盖尔矿区（Argyle diamond mine）坐落在澳大利亚西部的金伯利地区，是世界上最大的彩钻矿。自 1983 年开始挖掘以来，阿盖尔矿区已经产出了 8.25 亿 ct 金刚石（相当于 165t）及 129 万 ct 钻石产品。阿盖尔矿区产出的彩色金刚石种类繁多，包括香槟金钻、紫钻、蓝钻和最负盛名的阿盖尔粉钻及红钻。它还是紫罗兰色金刚石的唯一产地。

澳大利亚阿盖尔矿区（引自维基百科）

神秘岩石

2015年产于阿盖尔矿区的紫罗兰色金刚石，原石重9.17ct，打磨后的成品重2.83ct
（引自维基百科）

阿盖尔矿区最出名的地方在于自1979年在此发现了世界上第一颗粉色金刚石之后，世界上就有90%的粉色钻石产于此处。与其他矿山出产的粉钻相比，阿盖尔矿区的粉钻在色彩上的优势尤为出众，具有更强的浓度和色彩饱和度。

据力拓集团报道，该矿区关闭后，力拓集团可能会花3~5年的时间进行矿山环境的修复及维护。

碱性基性岩

最新发现显示,除了超基性岩外,碱性基性岩也可以作为金刚石的含矿母岩。比如,俄罗斯乌拉尔地区的金刚石砂矿被认为可能来自乌拉尔碱性玄武岩类;在雅库特地区产金刚石的Udachnaya等岩筒中均发现了多种含金刚石的地幔捕虏体,其中就包括有基性岩过渡特征的辉石岩;在叙利亚西北大马士革北约150km处发现了两处具经济价值的含金刚石岩管,与碱性辉长岩类似;捷克Ceske、Stredhori的含镁铝榴石基性火山岩被看作该地区次生金刚石的来源。

2012—2015年,南京地质调查中心、安徽省第二水文地质工程勘察院查明栏杆地区含原生金刚石的载体岩石主要有辉绿岩、橄榄玄武岩等。2017—2018年,安徽省第二水文地质工程勘察院对宿州市栏杆—褚栏地区进行金刚石普查,在辉绿岩基岩及强风化带中圈定两个强风化残积型金刚石工业矿体,是金刚石找矿史上的一次较大突破,同时填补了"安徽省矿产资源储量表"中金刚石矿的空白(新增金刚石333资源量0.96万ct)。同期,江苏省地矿局第五地质大队在徐州市张集地区开展的金刚石原生矿找矿工作中又分别在辉绿岩、橄榄玄武岩等碱性基性岩中发现了4颗原生金刚石。

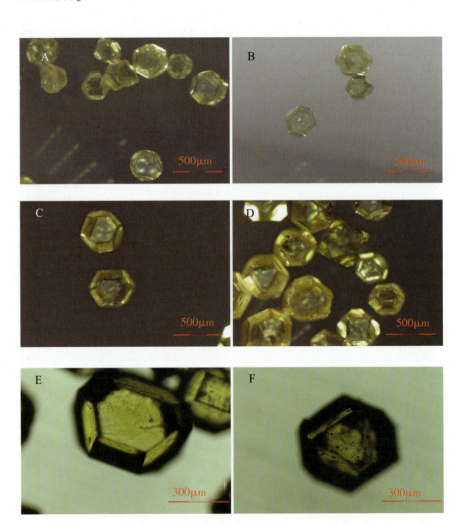

碱性基性岩型金刚石的镜下照片(蔡逸涛 摄)
A~D.碱性基性岩中发现的金刚石颗粒;E、F.金刚石中可见明显的黑色矿物包裹体、碳质包裹体及流体包裹体

强风化辉绿岩（蔡逸涛 摄）
A.金刚石出土于下部强风化辉绿岩；B.含金刚石的碱性基性岩手标本

笔者从安徽省北部的玻基辉橄角砾熔岩、辉绿岩、橄榄玄武岩等暗色岩中选获了大量金刚石，使得徐州中部存在的大量辉绿岩、橄榄玄武岩具有了被重新认识的意义，尤其是徐州南部的张集地区，其构造位置和成矿条件与栏杆地区极其相似。笔者还在苏北利国—柳泉等地发现了苦橄玢岩、煌斑岩等超基性岩，将其岩石结构构造、矿物组合、化学成分、微量及稀土元素等特征与金伯利岩和钾镁煌斑岩的相关特征进行比较，发现它们都有一定的亲缘性。

这些地区的沉积盖层发育，岩浆岩活动频繁，满足金刚石成矿的三大条件（古老的克拉通、深大断裂、稳定的盖层），为超基性—基性岩浆储存汇聚和侵入式爆发创造了良好的封闭环境，对金刚石成矿十分有利。自开展金刚石普查工作以来，本区内共发现500多颗金刚石（除新沂金刚石砂矿之外）及大量指示矿物。

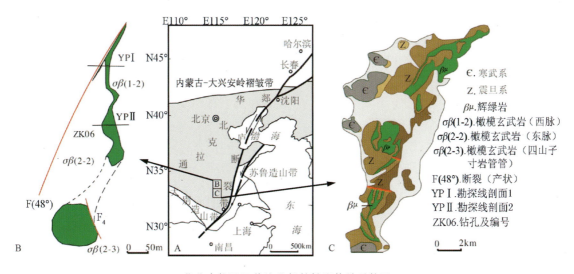

华北克拉通及苏皖北部基性岩体地质简图
A.华北克拉通示意图；B.苏北徐州白露山岩体地质简图；C.皖北栏杆老寨山地质简图

蛇绿岩套

杨经绥院士团队于 2007 年在我国西藏罗布莎含铬超基性岩中发现了原位金刚石。发现的金刚石既有独立的微细晶体，也有包裹体矿物。此外，在俄罗斯极地乌拉尔、堪察加科里亚克地区的蛇绿岩套中也发现了金刚石。按照传统的观点，蛇绿岩被解释为一段残留的大洋岩石圈，罗布莎超基性岩体中的铬铁矿是大洋岩石圈的产物，其形成深度小于 50km。我国专家研究发现，罗布莎超基性岩和铬铁矿中含大量属于下地幔的超高压矿物组合，如金刚石、柯石英、碳硅石等。据碳同位素分析，专家推测金刚石的碳来源于下地幔，从而判断岩浆形成的深度可能在 300km 以上，这与金刚石形成的岩浆来源深度是一致的。这一研究成果动摇了铬铁矿是大洋岩石圈浅部成矿的理论，并认为它是大洋板片向深部俯冲并同下地幔物质融合的结果。这个观点与超高压变质带金刚石成因观点虽均认为金刚石与板块俯冲带有关，但二者有显著的区别——蛇绿岩套成因要求俯冲得更深，且具有一个深部地幔岩浆过程。这为人们研究金刚石源区提供了一个新的思路——在洋壳或洋陆交互带深部地幔区有可能存在另外的金刚石形成机制，对寻找新的金刚石矿床类型具有重要意义。关于蛇绿岩套中金刚石成因及其潜在的利用价值，仍是一个需要继续探讨的问题。

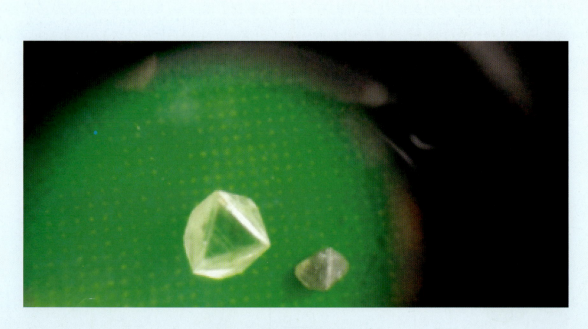

辽宁水系重砂发现的金刚石（40×）

发现宝藏

含金刚石岩管(岩筒)在地表形成之后,经过长期风化剥蚀、流水冲刷,使金伯利岩岩管所有物质(包括金刚石)被带入附近的山溪再冲入大河,形成了次生的金刚石砂矿,所以金刚石的矿床分为两种类型,即原生矿床和次生矿床。

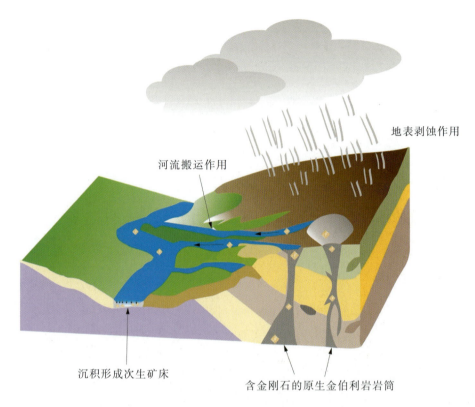

金刚石原生矿床、次生矿床形成机制示意图

金刚石原生矿

金刚石原生矿床通常是管状。金伯利岩岩管(岩筒)或者钾镁煌斑岩岩管(岩筒)都是金刚石的原生矿床,其形状上大下小,酷似萝卜。岩管深度可达2km以上,经风化剥蚀后多为1km左右。目前,全球范围内少见呈床状的金伯利岩岩管(岩筒),只有戴比尔斯公司于2005年冬季开始投产的加拿大捕捉湖(Snap Lake)矿区的金伯利岩体呈床状。

金伯利岩最常出现在克拉通最古老的地质部位,这些部位形成于38亿～25亿年前的太古宙。只有一小部分含金刚石的金伯利岩存在于克拉通较年轻的部分,形成于元古宙(25亿～15亿年前)。这些较年轻的元古宙克拉通部分有时被称为活动带。年龄小于15亿年的大陆地壳通常不存在含金刚石的金伯利岩。非克拉通大陆地壳之下的岩石圈根系(如中欧和南欧之下的根系)一般具有较高的地热梯度,其深度被限制在100km以下,不足以形成金刚石。然而,克拉通的范围和年龄并不总是容易确定的,特别是克拉通基底岩石埋藏在较年轻沉积岩之下的地区（例如克拉通岩）或冰盖之下的地区（例如南极洲）。

金伯利岩岩浆作用将金刚石从地幔带到地球表面，其时间通常比克拉通的形成时间要晚得多。已知最古老的含金刚石金伯利岩年龄超过26亿年，常见的金伯利岩岩浆作用大部分大约发生在12亿年前。

金伯利岩岩浆活动是周期性的，其中一个最活跃的时期是相对较近的2.5亿~2.2亿年前。在此期间，南非、加拿大、澳大利亚和世界其他地区的许多金刚石金伯利岩和钾镁煌斑岩就位，而在此之后，富含金刚石的岩浆活动在世界范围内几乎停止。

在全球已知的5000多个金伯利岩岩管中，只有一小部分（约10%）是含金刚石的。然而，这几个富含金刚石的金伯利岩岩管供应着世界上大部分的天然金刚石，每年出产的金刚石约30t，即约1.5亿ct。

加拿大北领地地区的A-154金伯利岩岩筒（露天开采）
（引自维基百科）

■ 延伸阅读：著名典型矿床——博茨瓦纳(Botswana)奥拉帕(Orapa)金伯利岩型原生金刚石矿床

成矿地质背景

奥拉帕金刚石矿床主要位于博茨瓦纳东部地区，大地构造位置属于津巴布韦克拉通与卡普瓦尔克拉通的西部。博茨瓦纳目前是非洲重要的金刚石生产地之一，其中奥拉帕A/K1岩管是世界第二大金伯利岩岩管，位于博茨瓦纳东部的弗朗西斯敦市以西约240km处，地表面积约1.2km^2。奥拉帕金刚石矿床于1967年由戴比尔斯公司发现，于1971年开始金刚石生产，为世界上最大的金刚石生产矿山之一。2004年的金刚石产量超过了1690万ct，约占世界总产量的15%，以后产量逐渐稳定，2012年的金刚石产量为1110万ct，预计该矿床的开采年限可至2063年。

在奥拉帕矿床所产的金刚石中，宝石级的约占15%。Harris(1986)等通过对1983年生产的金刚石形态和颜色进行统计发现：金刚石形态以多晶聚合态为主，约占60%，其次为立方体，缺少扁平状八面体；颜色以黄色为主(约占50%)，其次为无色、棕色，表层微绿而整体具有灰色调，在紫外线下具有浅蓝色荧光的特征。奥拉帕矿床中约12%的金刚石具有塑性变形特征。

奥拉帕金刚石矿床位于津巴布韦克拉通的西南部，林波波带与马刚迪(Magondi)带的交界处附近。林波波造山带呈北东东向展布，长达680km，宽约260km；马刚迪带则呈北北东向展布，长约250km，宽约150km。津巴布韦克拉通由若干地块组成，K.C.Condie(1981)将其中前寒武纪结晶岩和变质岩分为3个系，自下而上为塞巴奎系、布拉瓦约系和沙姆瓦系，主要岩性为片麻岩、古老绿岩带及铁镁质—长英质火山岩和砾岩。位于南部的林波波带则被认为是克拉通活动的产物，主要分为北部边缘带、中央带和南部边缘带3个带，其中北部边缘带和南部边缘带的主要岩性为洋壳物质——麻粒岩相花岗岩，中央带则为早期的大陆边缘碎片且具有沉积盖层。马刚迪造山带则主要为一些褶皱和俯冲带，以花岗绿片岩为主，覆盖有沉积盖层。

关于津巴布韦克拉通的形成演化，Steven B.Shirey(2004)等认为，3200～3700Ma期间，洋底扩张形成大量厚层科马提岩、玄武岩-科马提岩洋壳及亏损型方辉橄榄岩，早期地壳通过洋壳俯冲的形式将大量浅层水流体带入到熔融的地幔深度，导致了地壳的分异作用，该期主要形成富硅铝质的分异克拉通核、上下地壳及克拉通脊；2900～3200Ma期间，洋壳俯冲闭合，克拉通地壳加厚，同时地幔内形成大量的橄榄岩和榴辉岩原岩及碳、氧、氢、硫等流体组分并形成金刚石；2500Ma左右，津巴布韦克拉通与卡普瓦尔克拉通开始发生碰撞形成林波波带；至2000Ma，林波波带已基本形成，马刚迪带的形成相对林波波带稍晚，年龄为2060~2030Ma；2000Ma以后，克拉通边缘俯冲造山，底部发生岩浆作用和变质作用，形成新一期的金刚石。自中元古代以后，津巴布韦克拉通地壳演化进入新的发展阶段。博茨瓦纳东部金刚石矿床的形成与克拉通的构造演化密切相关，早期克拉通亏损演化及后期俯冲、岩浆和变质等作用形成的金刚石为矿床的主要来源，后期克拉通演化形成的深大断裂则为金伯利岩的侵位提供了通道。

该地区的岩浆活动主要形成了花岗岩、基性—超基性岩、基性火山岩和金伯利岩。花岗岩主要分布在基底杂岩中，且多数包围了被破坏了的太古宙地层残块。基性与超基性岩以津巴布韦大岩墙为代表，呈北北东走向，长达550km，宽8~11km，岩性主要为蛇纹岩化辉长岩、橄榄岩、方辉橄榄岩、苏长岩等，其侵入时间为2575Ma。基性火山岩主要分布在卡鲁系中。金伯利岩的分布较为广泛。

矿床特征

奥拉帕金刚石矿床位于太古宙变形盆地内，岩管主要侵入到侏罗系斯托姆贝赫组玄武岩中，其上覆盖卡鲁超群，主要为泥质砂岩、冲积和风积砂岩。玄武岩是目前的开采层位，呈杏仁状。M. Field等(1997)发现奥拉帕A/K1岩管主要由南、北两个岩管构成。年龄较老的北部岩管由大致呈层状的火山碎屑流金伯利岩构成，其内含有明显的排气管道。

奥拉帕金刚石矿床的卫星照片(外围方形线条为层层戒备森严的围墙)
(引自维基百科)

南部岩管前人研究较多，T.M. Gernon（2009）认为碎屑流的沉积序列的上部为薄层状洪冲积沉积物，主要为火山湖相沉积的页岩、粗砂岩、砂岩及碎屑流；其下不整合有大量分选性差的火山砾凝灰岩，凝灰岩呈近似正粒序层理且含有大量近似垂直的排气构造；最下部为来自火山口崩塌的基底粗碎屑沉积层。

奥拉帕矿床包含约60个岩管和岩脉（最大的岩管为A/K1岩管），整体沿林波波带呈北西西向展布。其金伯利岩类型为I型金伯利岩，蚀变强烈，整体上呈橄榄绿色且含大量的玄武岩包裹体，同时还可见少量的石榴子石、钛铁矿及斜方辉石等，岩石贫云母类矿物成分，Sr-Nd同位素显示为亏损地幔特征。奥拉帕金伯利岩侵入到侏罗纪玄武岩中，玄武岩的锆石U-Pb年龄约为93.1Ma；锆石裂变径迹定年得到的年龄为(92±6)Ma和(87±6)Ma，由此可见，奥拉帕金伯利岩的就位时代为晚白垩世。在奥拉帕岩管外围地区，75个岩管中具有工业价值的已达到8个，其中BK1和BK16两个岩管均为20世纪80年代发现的，经2008年重新评价，被认为具可开采价值。其中BK1岩管位于奥拉帕岩管南东方向7km处，面积8hm^2，覆盖层厚度小于20m，并于2008年6月完成第一阶段的评估，品位15ct/100t，回收金刚石质量非常好，大多为宝石级，估计每克拉价值可达200美元。

矿床形成模式：太古宙时期，伴随着津巴布韦克拉通的形成，早期的橄榄岩型金刚石矿床和部分榴辉岩型金刚石矿床形成；到元古宙中、晚期，板块运动将地壳内大量的含碳流体成分带入地幔，形成新的榴辉岩型金刚石矿床，并对早期形成的金刚石矿床进行破坏；大约93Ma时，地幔岩石部分熔融形成大量金伯利岩岩浆，在林波波活动带及马刚迪活动带再活化的影响下，岩浆携带大量物理破碎的金刚石及捕虏体喷发至地表形成奥拉帕矿床。

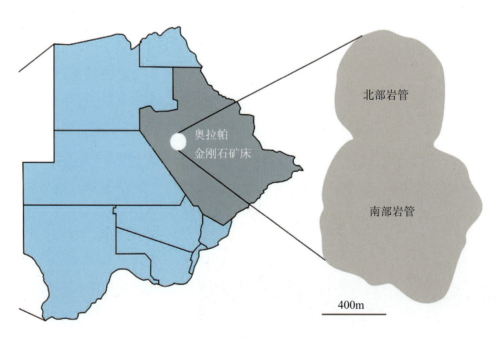

奥拉帕金刚石矿床岩管位置图

金刚石次生砂矿

原生矿床金伯利岩在形成之后，在地表外营力作用下，经风化剥蚀，被流水携带到河流、海洋中，形成次生型冲积砂矿。次生型冲积砂矿按时间可分为古砂矿和现代冲积砂矿。古砂矿就是含矿的砂砾石层经过成岩作用，多为某个时代的底砾岩和含矿砂岩层，如瓦房店地区含金刚石底砾岩，一般不具有工业价值（津巴布韦的除外）。现代冲积型砂矿按沉积环境分为河床冲积型砂矿、滨海冲积型砂矿。河床冲积型砂矿又可分为河床砂矿、河漫滩砂矿、阶地砂矿等。滨海冲击型砂矿又可分海岸砂矿、海下砂矿等。一个大的原生矿下游，几乎都有近源冲积型河床阶地砂矿，如辽宁瓦房店50号岩管下方的近源冲积型砂矿。

金伯利岩在侵位后暴露在地球表面，经常被侵蚀，它们的金刚石和其他幔源矿物被分散开来。由于其极高的硬度和耐化学风化的能力，金刚石能够承受数百千米甚至数千千米长的运输距离。金刚石的密度很大（$3.5g/m^3$），在运输过程中，它们可以和其他重矿物一起集中在砂矿中。砂矿金刚石偶尔能达到经济产量并产生砂矿矿床。这些砂矿矿床可以包含来自多个金伯利岩源岩的金刚石，形成于不同的地质环境。在大多数情况下，金刚石聚集在河床中，在那里形成冲积矿床，其他沉积环境包括海洋环境和海滩环境。因此，砂矿金刚石经常出现在砂岩或砾岩中。金刚石很少被风聚集形成风积砂矿。

在金伯利岩附近形成的砂矿金刚石矿床通常含有大量与金刚石有关的幔源矿物。这些幔源矿物成分不同，通常比金刚石本身丰富得多。由于这些矿物经常被用来确定金伯利岩的来源，因此被称为指示矿物。指示矿物的丰度随着与金伯利岩源岩距离的增加而下降。因此，在远离原矿源的地方形成的金刚石砂矿矿床可能不含有任何幔源矿物，这时要找到金伯利岩的主要来源就困难得多。沉积砂矿本身也会受到侵蚀，导致金刚石再次分散。在某些情况下，砂矿中的金刚石可能经历了多次侵蚀和沉积循环。砂矿矿床也会受到热变质作用的影响，从而可能会破坏或改变原先与金刚石有关的矿物。

在19世纪70年代早期，在南非金伯利发现含金刚石金伯利岩之前，砂矿矿床一直是宝石级金刚石的主要来源。从古时起，金刚石就从砂矿矿床中开采出来了，但开采最初仅限于几个矿床，且矿床主要位于印度。直到18世纪30年代，巴西发现了大量的金刚石砂矿，这些砂矿满足了全球150年的金刚石需求。巴西的砂矿矿床也是世界上最大的砂矿金刚石President Vargas（重726.6ct）的出生地。

最大的现代砂矿矿区位于非洲的西部，主要从海滩、海洋沉积物及河床中回收金刚石。这些矿床中的大部分金刚石可能来自南部非洲内陆被侵蚀的金伯利岩。世界上许多地方有金刚石砂矿矿床，但大多数金刚石砂矿矿床开采作业规模较小。因此，砂矿金刚石的产量比原生矿的低得多，但是其品质很高。

中国原生金刚石矿床背景

我国金刚石矿多出露于与深大断裂有关的地带。含金刚石金伯利岩主要见于华北克拉通、扬子克拉通、塔里木克拉通三大古老克拉通区。有金刚石储量的原生矿主要见于华北克拉通郯庐断裂地区,有金刚石储量的砂矿主要见于华北克拉通郯庐断裂地区、扬子克拉通雪峰古陆地区。

根据金刚石成矿基本条件,即具有15亿年以上基底和稳定盖层的克拉通区、有超岩石圈断裂或岩石圈断裂、有金伯利岩或钾镁煌斑岩或其他超铁镁质岩体产出、有金刚石及指示矿物产出等,再结合我国大地构造背景条件和全国各地金刚石找矿工作成果,将我国寻找金刚石的重要成矿区初步划分为华北克拉通郯庐断裂带成矿区、华北克拉通太行山断裂带成矿区、华北克拉通鄂尔多斯古陆成矿区、扬子克拉通雪峰古陆成矿区、塔里木克拉通成矿区及其他成矿区。

我国原生金刚石成矿区(带)划分

克拉通	成矿区(带)	成矿地段	含金刚石母岩类	典型岩管(体)	备注
华北克拉通	郯庐断裂带	辽宁段	金伯利岩型	kb50、kb30、kb42	kb50已闭坑
		山东段	金伯利岩型	胜利Ⅰ号、红旗Ⅰ号	胜利Ⅰ号成为金刚石公园
		苏皖段	钾镁煌斑岩型	大井头岩体	尚未评价
			金伯利岩型	苏北西村	尚未评价
			基性岩型(橄榄玄武岩)	苏北睢宁	选获原生金刚石
			基性岩型(辉绿岩、玻基辉橄岩)	安徽栏杆	中型原生矿(25万ct)
	太行山断裂带		金伯利岩型	河北应县	选获原生金刚石
				河南鹤壁	未选获金刚石
	鄂尔多斯古陆		金伯利岩型	山西柳林	选获原生金刚石
			基性岩型		
扬子克拉通	雪峰古陆	贵州地区	金伯利岩型	马坪东风1号	小型矿床
			钾镁煌斑岩型	深冲、溪头、朱老屯、思南塘等岩带	选获原生金刚石
			角砾岩型	贵州施秉	选获原生金刚石
		湖南地区	钾镁煌斑岩型	湖南宁乡	选获原生金刚石
		湖北地区	钾镁煌斑岩型	湖北大洪山	选获原生金刚石
	雪峰古陆邻区	广西地区	云煌岩、煌斑岩型	广西垄洞	选获原生金刚石
		其他地区	橄榄云煌岩	浙江龙游	选获原生金刚石
			似金伯利岩型	江西安远县	指示矿物

续表

克拉通	成矿区(带)	成矿地段	岩石类	典型岩管(体)	备注
塔里木克拉通	西北部	巴楚地区	金伯利岩型	新疆巴楚	选获原生金刚石
	西南缘	和田地区	金伯利岩型	新疆和田	据水系中金刚石推测
俯冲造山带	西藏	东巧地区	蛇绿岩型	西藏罗布莎	发现金刚石碎片
	苏鲁	苏鲁地区	榴辉岩型	大别山	发现金刚石颗粒

其中分布在华北克拉通郯庐断裂带的成矿区和在扬子克拉通雪峰古陆的成矿区为最重要的两个成矿区。下面就这两个区的地质背景和金刚石的成矿条件作简单介绍。

华北克拉通郯庐断裂带

郯庐断裂以其醒目的地貌地质标志出露于中国东部,是一条切穿不同大地构造单元的断裂带,总体走向北北东,在我国境内绵延2400多千米,从沈阳往北经依兰-伊通断裂,抵黑龙江畔,入俄罗斯远东地区。

沿郯庐断裂具有相对稳定的古老刚性地块(华北克拉通),这些地块一般自前寒武纪结晶基底形成以来,其上的盖层平缓,再没有形成强烈的褶皱。在这刚性地块中,有利于形成深切地幔的陡立断裂,促成深部岩浆爆发。

地层特征

华北克拉通基底是由大小不等的深变质太古宙古陆块拼合而成的。沿郯庐断裂带,辽宁地区结晶基底为太古宇鞍山群和古元古界辽河群等,苏皖北部、鲁西地区出露太古宇沂水岩群(Sm-Nd同位素模式年龄为2744~3020Ma)、泰山岩群(锆石SHRIMP U-Pb年龄为2700~2800Ma)、济宁岩群(锆石SHRIMP U-Pb年龄为2561~2700Ma),鲁东地区结晶基底为新太古界胶东岩群等,胶东岩群U-Pb年龄为2625~2858Ma(山东省地质调查院,2015)。太古宙深变质岩系都呈孤立的块体展布,与侵入岩构成绿岩带残留体。这些陆块各自有不同的地质特征和演化历史,经古元古代末的吕梁运动(19亿~18亿年)形成统一的克拉通。这些地区沉积盖层发育,岩浆岩活动频繁,金刚石成矿条件十分有利。中元古代—三叠纪为华北克拉通盖层稳定发展阶段,新生代为其活化阶段。辽宁、鲁西、苏北、安徽等地的盖层发育较完整,为金伯利岩岩浆储聚和侵爆创造了良好的封闭环境,对金刚石成矿十分有利。

岩浆岩特征

辽宁与金伯利岩有着成生联系,基性、超基性岩浆活动是多旋回的,以海西期旋回为主,呈近东西向带状展布,主要产出于隆起与坳陷交界处及深大断裂旁侧次级断裂带中。岩石类型主要有橄榄岩-角闪岩类、辉长岩类、闪长岩类、花岗岩类,呈岩株、岩基状产出,成群成带分布,出露面积4176km^2。

鲁西金伯利岩岩浆的主要侵位时期应划定在早古生代中晚奥陶世(加里东期),并可能存在多期(次)侵位。蒙阴金伯利岩岩带的外围地区有富镁贫硅的暗色岩和与金伯利岩有成因联系的偏碱性超基性岩分布。如泗水、平邑等盆地有深源的橄榄玄武岩、歪长玄武岩、白榴玄武岩、橄榄粗玄岩,平邑白彦、莒南汶疃等地有橄榄玢岩、玻基辉橄岩,莱芜、益都有碳酸盐岩、角砾状碳酸盐岩、蛭石或碳酸云母岩、橄榄玢岩、橄榄辉石云斜煌斑岩、含霓辉石正长岩等。这些岩石都是富含Ce、La、Y、Nb等轻稀土元素的超基性杂岩和碱性岩,其化学成分与国外金伯利岩岩区的同类岩石可以对比。

苏皖地区基性岩在各个地质阶段均有活动,尤以新太古代和第三纪(古近纪+新近纪)两个时期最为发育。岩石类型主要有辉橄云母岩、苦橄玢岩、橄辉云斜煌斑岩、橄榄玄武玢岩等。除苏北利国西部西村—前石楼一带成群成带出露外,大城山、秃山、大伏山、徐台、鼠山、阙山、东崮山、帽垫山、圣安、寺山、白露山等地均呈零星小脉体或小岩管产出。此外,前人在凤阳地区的独山、靠山等地也发现了辉橄云母岩(有人定为似金伯利岩),泗县山头镇周道口钻孔揭露了一个隐伏碱性橄榄玄武玢岩体。所有这些超基性岩多呈陡立的小脉状产出,脉宽一般数十厘米至2m余,延伸数十米至数百米,走向多为北北东向,少数为北北西向或北东向,极少呈筒状,主要受北北东向压扭性断裂或密集节理带控制。区内暗色岩的侵入时代为燕山晚期—喜马拉雅期。

构造条件分析

郯庐断裂纵贯我国东部,是一条活动时间长、切割很深的断裂。郯庐断裂对金刚石原生矿的控制作用已为国内外专家所肯定。区内郯庐断裂带的总体走向为NNE5°～15°,由4～6条平行断裂组成。郯庐断裂经历了复杂的演化过程,其活动方式在不同时期表现出明显的多样性,兼有挤压、扩张、左行、右行、剪切的复杂结构特征。

郯庐断裂伴生有一系列的北西向断裂。它们横向切割郯庐断裂带,以张性、张扭性为主,并由此而造成断裂带内的一系列断块抬升和降落。重磁资料、地震测深、大地电磁测深都证实郯庐断裂带切割很深。郯庐断裂带附近及其两侧发育超基性岩,超基性岩中有幔源包裹体。

郯庐断裂带控制了山东、辽宁、江苏、安徽等地金伯利岩(超铁镁质岩)的区域展布;近东西向或北北西向深大断裂与郯庐断裂带的相交部位控制着金伯利岩(超铁镁质岩)展布;北北东向、北东向的密集节理带、角砾岩带或断裂带十分发育区或者几组断裂交会部位具体控制了金伯利岩岩管或岩脉的产出。

综上所述,郯庐成矿带具有以下金刚石成矿的有利条件:

(1)郯庐断裂带纵切华北克拉通、扬子克拉通、兴蒙–吉黑造山带和大别–苏鲁造山带4个大地构造单元的活动带,为超壳深断裂带,并为金伯利岩浆或钾镁煌斑岩浆上升至地壳浅部提供了通道。

(2)华北克拉通为相对稳定的古老结晶基底,断裂带西侧发育有稳定的盖层,具有形成金刚石所需的岩石圈厚度,有利于地幔中金刚石的生成、生长和富集。古老的克拉通可形成金伯利岩型金刚石,活动带则有利于钾镁煌斑岩型金刚石的形成。沿郯庐断裂带,华北克拉通太古宙深变质岩系与侵入岩构成绿岩带残留体(年龄为25亿年左右),经古元古代末的吕梁运动形成统一的克拉通基底。该区盖层发育较完整,为金伯利岩岩浆储聚和侵爆创造了良好的封闭环境。

(3)郯庐断裂带内岩浆岩类型繁多,从酸性岩到超基性岩均有发育。古元古代—晚新生代,各个构造期都有岩浆侵入或喷发活动,尤以燕山期最为强烈。目前,区内发现赋存金刚石的岩体有金伯利岩、钾镁煌斑岩、橄榄辉绿岩、斜闪煌斑岩、辉绿岩、橄榄玄武岩、玻基辉橄岩等。

(4)郯庐断裂带金刚石的形成跨越了一个较长的地质时期。区内从元古宙以来均有形成金伯利岩或钾镁煌斑岩岩管。

(5)沿郯庐断裂带已发现金刚石原生矿床、砂矿矿床和大量金刚石及其指示矿物。目前在该带的辽宁大连瓦房店、山东蒙阴、江苏北部徐州、安徽北部宿州栏杆等地发现金伯利岩型金刚石原生矿，在辽东桓仁、辽北的铁岭、辽西葫芦岛地区发现了金伯利岩，在安徽中部及南部发现钾镁煌斑岩型金刚石原生矿线索。

扬子板块雪峰古陆

扬子板块东南缘出露有一套中元古代—新元古代早期的、以低绿片岩相为主的火山-沉积岩系，包括广西的四堡群、贵州的梵净山群、湖南的冷家溪群、江西的双桥山群和九岭群、安徽的上溪群和浙北的双溪坞群等，一起被认为是代表了江南古岛弧的产物。因此，扬子板块东南缘又称"江南古岛弧""江南古陆""江南造山带""四堡造山带"等。雪峰古陆位于扬子板块西段，靠近扬子板块和华夏板块拼合部位。

地层特征

扬子板块具有由新太古代—古元古代变质杂岩组成的结晶基底和由中—新元古代变质沉积-火山岩系组成的过渡性基底（褶皱基底），新元古界、震旦系—中三叠统的海相连续沉积盖层和上三叠统—新生界的陆相连续沉积盖层构成的"双基双盖"结构。研究区金刚石次生源赋存于不同时期沉积物中，现已发现含金刚石地层包括：新元古界花山群砾岩、下震旦统长安组砾岩（含火山碎屑的冰水沉积物）、泥盆纪砾岩、中生代沉积岩、第四纪堆积物。

结晶基底主要分布于鄂西黄陵地区，以崆岭杂岩为代表，是目前扬子地块已知出露时代最古老的基底岩系。其主体由TTG片麻岩、斜长角闪岩和部分混合岩化的富铝-富石墨孔兹岩系副片麻岩及长英质片麻岩构成。崆岭群有关岩石形成于1.99～3.28Ga之间（凌文黎等，2000；Qiu et al.，2000；高山等，2001）。崆岭杂岩被元古宙钾长花岗质岩体侵入，显示出扬子崆岭陆块的初始克拉通化应不晚于古元古代。

褶皱基底为中—新元古代地层，主要包括神农架群、花山群、冷家溪群、梵净山群、四堡群。区内盖层较为稳定，青白口系武当岩群、板溪群、高涧群、下江群、丹洲群等属扬子板块第一盖层，时代应为新元古代（820～680Ma）；南华系、震旦系及之后的地层构成了扬子板块的第二盖层。

岩浆岩特征

研究区钾镁煌斑岩类从雪峰期到燕山期都有分布。沿扬子板块东南缘呈北东东方向分布，受沿黔湘赣岩石圈断裂控制，可称为北东带；沿着扬子板块北缘呈近东西向分布，受襄樊-广济深断裂控制，可称为北西带。北东带包括贵州镇远—湖南宁乡，大致沿着扬子和华夏新元古代的拼合带——江-绍断裂带分布；北西带主要包括湖北大洪山—陕西镇坪一带的钾镁煌斑岩类，大致沿着扬子板块与华北板块的结合带分布。上述的大洪山地区、湘西地区、黔东地区均有钾镁煌斑岩分布，3个区都曾在人工重砂大样及附近河流重砂中找到过大小、数量不等的金刚石，其中镇远马坪、施秉翁哨、宁乡云影窝发现原生含金刚石橄榄钾镁煌斑岩。此外，桂北和大瑶山地区也有煌斑岩的分布，但暂未发现含金刚石母岩。

大洪山地区，从钟祥扁寨山至京山彭家塝分布有101个钾镁煌斑岩体，组成了长约

70km、宽1～6km的钟-京钾镁煌斑岩带,其中有61个呈群带状产出,40个呈中岩筒或岩脉产出。岩体具成群分布、分段集中的特点,可分为扁寨、杨家湾、陈家湾、九华寨、李关及彭家塝6个岩体群。

湘西地区在20世纪90年代之前就发现了许多高品位的金刚石砂矿,但原生金刚石矿的勘查工作一直未有进展。直到1990年10月,湖南省地质矿产局413队首次在湖南省宁乡县云影窝地区发现了含金刚石的钾镁煌斑岩岩群,取得了金刚石原生矿普查找矿的重大进展,为在湖南地区乃至整个扬子板块寻找原生金刚石工业矿床拉开了序幕。湖南宁乡钾镁煌斑岩经同位素年龄测定,Sm-Nd法等时线年龄为(345±10)Ma,Rb-Sr法等时线年龄为(328±4)Ma。该两组数据与地质观察结果一致,说明该区钾镁煌斑岩为海西期岩浆活动的产物。

黔东贵州镇远及麻江地区也有钾镁煌斑岩分布。单个岩体呈岩墙式或岩床式岩脉产于小型断裂破碎带中,规模大小不一,并在平面和剖面上常呈侧列式,侵入围岩均为寒武纪碳酸盐岩。岩石类型主要是钾镁煌斑岩和橄辉云煌岩,并相伴产出斑状云母橄榄岩和苦橄玢岩,其中钾镁煌斑岩又可分为镁铝榴石云母钾镁煌斑岩和细粒云母钾镁煌斑岩两个亚类。含金刚石的岩体分布在马坪地区,金刚石主要产于镁铝榴石云母钾镁煌斑岩中,以Ⅱ型金刚石为主。

广西煌斑岩主要分布于桂北三江—合桐、桂中都安—马山、桂东平乐县沙子、金秀龙标—蒙山夏宜—平南马练一带,在罗城天河、鹿寨平山、桂平紫荆、贵港寿塘、合浦公馆等有零星分布。煌斑岩在空间上具有成群定向和带状展布特点,明显受断裂控制。

断裂构造

区内构造十分发育,主要分为东西向、北西向和北东向断裂,断裂性质可分为超壳断裂、壳层断裂及表壳断裂,其中发育的超壳断裂是金刚石重要的导矿构造和控矿构造。

中国典型金刚石矿床

辽宁瓦房店地区典型金伯利岩岩管

50号金伯利岩岩管地质特征

50号金伯利岩岩管位于辽南瓦房店市炮台镇干河村南约1km处,产于辽宁省瓦房店地区金刚石隐伏矿体普查区内Ⅱ矿带中段头道沟。50号金伯利岩岩管产在标高130～200m的构造剥蚀低山丘陵

蔡逸涛博士在湖南研究钾镁煌斑岩

的沟谷中,皆被浮土掩盖,显示负地形特征。岩管的地形形态呈不规则菱形状,东西较长,南北较窄,其比例4.8:1。50号金伯利岩岩管金刚石原生矿提交的总储量为377万ct,平均品位为0.15ct/m³,是已发现的金伯利岩体中面积、储量较大的一个岩管。

岩管侵入新元古界青白口系南芬组与震旦系桥头组。青白口系南芬组以页岩为主夹粉砂岩,分布在50号金伯利岩岩管西南部;震旦系桥头组以厚层石英砂岩为主夹薄层粉砂岩,在矿区广泛出露。

典型金伯利岩照片

50号金伯利岩岩管以角砾状金伯利岩为主,占80%～85%,斑状金伯利岩次之,约占20%。斑状金伯利岩主要呈几毫米(>2mm)至几厘米角砾状,被包裹在金伯利凝灰角砾中。斑状富金云母金伯利岩分两期:早期呈包裹体赋存于金伯利凝灰角砾岩和含(富含)围岩角砾金伯利岩中;晚期主要分布在岩管的西端,呈不规则脉状产出。金伯利凝灰角砾岩主要分布在岩管中上部,呈不规则似漏斗状尖灭在-20m标高处。含(富含)围岩角砾斑状金云母金伯利岩分布在岩管四周,-20m标高以下,大部分为富含围岩角砾斑状金云母金伯利岩。

岩管构造分析:辽宁50号金伯利岩岩管主要发育有四期断裂:第一期为近东西向的挤压破碎带(F_1、F_2),其时期明显早于金伯利岩侵位时期,为金伯利岩岩管的导矿构造;第二期为北东向断裂(F_6),其时期略晚于第一期但在金伯利岩侵位之前,为控矿构造;第三期为北北东向断裂(F_3、F_4),其形成时期在金伯利岩侵位之后,对金伯利岩岩管破坏作用明显;第四期为北西向断裂(F_5),其形成时期最晚,对金伯利岩体有破坏作用。

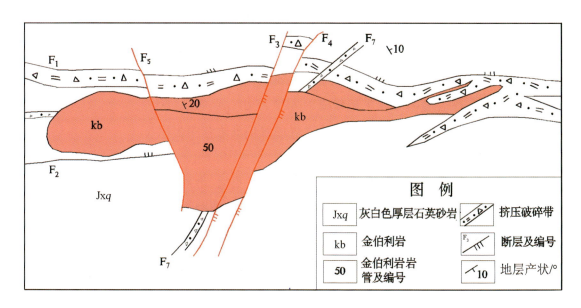

50号金伯利岩岩管剖面示意图

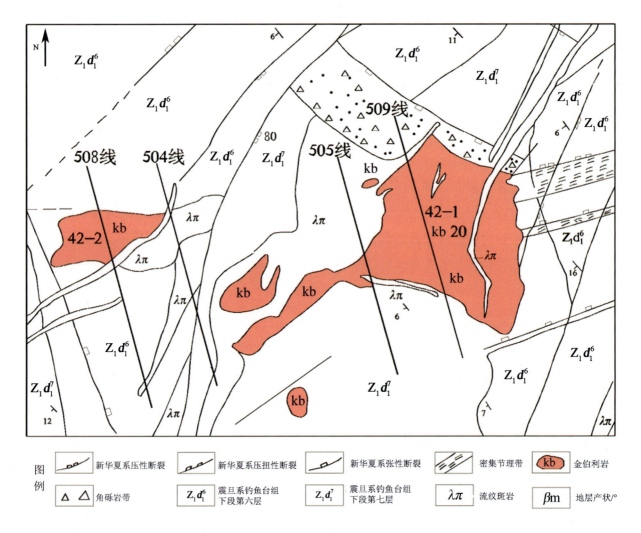

42号金伯利岩岩管平面示意图（图中508线、504线、505线和509线为地质勘探线）

42号金伯利岩岩管地质特征

42号金伯利岩岩管位于瓦房店西张屯村东南300m二道沟处，金伯利岩岩田Ⅰ矿带的东段。金刚石原生矿储量为427万ct，平均品位为0.15ct/m³。控制深部为-410m，目前是我国已发现的金伯利岩体中面积、储量最大的一个岩管。

42号金伯利岩岩管围岩为钓鱼台组石英岩、粉砂岩、页岩，地层产状平缓，倾角10°～14°。岩管受近东西向、北北东—北东向、北西向3组断裂构造控制。后期流纹斑岩脉（床）、辉绿岩脉、安山岩脉均穿插了岩管，对岩管有破坏作用。

42号金伯利岩岩管由大小3个岩管组成，42-1号岩管地表为不规则状，主体具有近东西、北北西两个长轴，大致呈东西和北西延长的方形,岩管西南部凸出伸长300m,呈把柄状,地表出露面积30 935m²;42-2号岩管呈近东西向椭圆形,近东西向的长轴长200m,短轴长50多米,地表出露面积9815m²;42-3号岩管为不规则状,地表出露面积450m²。

42号岩管的3个金伯利岩岩管总体走向近东西,倾向北北西,倾角75°～85°,垂深呈筒状,为爆发叠加后期多次侵入形成的。42号岩管由斑状、角砾状、球状金伯利岩组成,其中42-1号岩管由斑状金伯利岩和含(富含)围岩角砾岩或含金伯利岩球金伯利岩等组成,42-2号岩管由斑状富金云母金伯利岩组成,42-3号岩管多由斑状富金云母金伯利岩组成。42号岩管金刚石储量虽大,但品位中等,平均品位50～80mg/m³。金刚石晶形以八面体为主,约占60%,其他为十二面体和聚晶,金刚石质量良好。42号岩管金伯利岩主要指示矿物为含铬镁铝榴石、铬铁矿、碳硅石。

30号金伯利岩岩管地质特征

30号金伯利岩岩管位于辽南瓦房店市太阳沟与老虎屯乡石屯村之间,提交金刚石原生矿储量为278万ct,为大型金刚石原生矿床,属于瓦房店矿田第二大岩管。

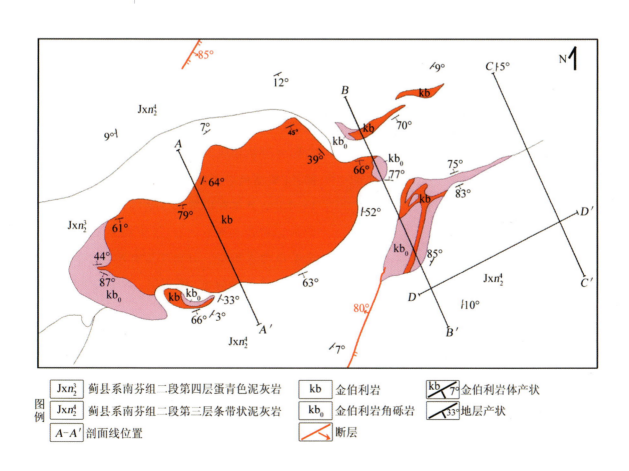

30号金伯利岩岩管平面示意图

30号岩管由浅部岩体和隐伏岩体(30-2号岩管)组成，其中浅部岩体出露在涝田沟的东部冲沟处，绝大部分被第四纪残坡积层覆盖。岩管上部残坡积厚2~10m，下部为黄褐色、灰绿色松散土状风化层，残积物有时见有围岩角砾，岩管出露区呈明显负地形。

30号金伯利岩岩管地表形态为不规则的长椭圆形，长短轴之比为2.5:1，长轴方向为70°，长212m，短轴方向20°，最宽106m，窄处为60m，平均宽度约80m，地表面积为14 000m²。岩体深部为筒状，倾向南东，倾角50°左右，在+20m标高以下急骤收缩，呈倾角很缓的脉状体，岩体呈近东西方向延伸，为略扁长的烟斗状。

30-2号岩管是在30号岩管向南东延展探索时发现的。这是一个隐伏的岩体，位于30号岩管南东方向200m的深部，岩体顶部位于标高-40m处。其上部在415线和423线上以岩脉的形式与30号岩管相连，顶部平缓与岩层产状一致；下部岩体很陡，略向南倾斜，倾角80°~85°。岩体呈椭圆状，长轴走向75°，向下转为东西向。岩体的中部最宽，标高在-380m以下仍未尖灭，尚有延深的趋势。30号岩管未受大型构造活动和岩浆活动的破坏。

30号岩管围岩为南芬组泥灰岩、砂页岩，地层产状平缓。围岩中发育一组与岩管长轴平行的北东东向密集节理带且见有较开阔的背斜，岩管产在背斜轴部。

30号岩管主要由斑状金伯利岩和富金云母金伯利岩组成，其中斑状金伯利岩中混入了大量围岩角砾，使岩管整体金刚石品位下降。30号岩管金刚石品位中等，其中30-1号岩管地表品位最高0.722ct/m³，平均0.36ct/m³，30-2号岩管平均品位0.365ct/m³，其中48.09%的金刚石含有包裹体，使金刚石质量欠佳。金刚石主要指示矿物为含铬镁铝榴石和铬铁矿。

山东地区典型岩管：胜利Ⅰ号

胜利Ⅰ号是蒙阴较著名的金伯利岩岩管，由两个岩管组成。岩管内的各种类型金伯利岩普遍含有金刚石，是我国单位体积金刚石含量最高、单个岩管金刚石储量最大的矿体，选获过重达119ct的"蒙山一号"。

矿区地质

胜利Ⅰ号周围的大地构造单元属鲁西地块、鲁中隆起区的蒙山单断凸起的中段北部，向南15km为蒙山大断裂，向北7km出现早古生代地层，濒临蒙阴-新汶中新生代盆地。岩管周围大面积分布新太古代—古元古代变质变形侵入岩，呈北西向展布，向南西陡倾斜，早古生代地层呈向北北东向缓倾斜。常马庄金伯利岩带横切蒙山构造岩浆岩带，产出在北北东向断裂节理带内。

地层：岩管周围未见前第四纪地层，仅见沟谷地区分布有近代洪坡积物和冲洪积物。山前组为洪坡积成因的黄土层夹碎石层，岩性为褐色、黄褐色中更新世黄土，呈平台状产出，厚1~10m，分布在山前丘陵边坡地带，掩盖在金伯利岩和其他基岩之上。沂河组为上更新世—全新世冲洪积层，分布在现有冲沟小河内，岩性为土黄色砂砾层、砾石层，不均匀夹有黏质砂层，厚1~4m。

断裂构造：岩管周围岩石普遍因遭受较强的构造作用而呈片麻理化，常形成北西向断裂劈理带、片理化带，在部分地段还见有北东向构造面。据此，区内断裂可分为两组。北西向断裂分布在岩管东部，多呈较清楚的断层，局部有碎裂岩、断层泥和挤压扁豆体等，断裂走向280°~300°，西段北东倾，东段南西倾，倾角

76°～85°，长200～1000m，平面和倾向上呈波状弯曲，为南盘斜落的左行正断层。北北东向断裂分布在岩管东部，呈束状产出，走向10°左右，长100～500m，倾向南东，倾角65°～85°，以压扭性为主，早期以左行为主，控制元古宙辉绿岩产出，晚期以右行为主，并略向右扭转，走向20°左右，控制金伯利岩，并错断辉绿岩。这两组断裂在岩管周围的分布规模都较小，北北东向断裂分布得比较集中，北西向断裂分布得比较分散，且多数为北北东向断裂所切错。

侵入岩：岩管周围的主体岩性，属新太古代区域蒙山TTG岩套早期片麻状中粗粒石英闪长岩的一部分。岩石呈暗绿色，风化面呈灰绿色，自形、半自形粒状结构，具粗纹状片麻理，主要矿物成分有斜长石（含量70%）、角闪石（含量5%～10%）、黑云母（含量10%～15%）、石英（含量5%～10%）等。大部分矿物具定向排列。斜长石多呈板状半自形晶体，透镜状，裂纹发育，绿帘石化强烈，粒径3～5mm。角闪石大多呈长条状晶体，部分或大部分黑云母化，岩性稳定、变化均匀。偶尔可见细粒闪长岩或角闪石岩包裹体。

另在岩管东部见有1条辉绿岩脉，走向10°左右，倾向南东，倾角60°左右，厚0.5～3.0m，长500m以上。岩石呈暗绿色，块状构造，辉绿结构。岩体边部常伴有0.5m的绿色蚀变碎裂岩。

空间形态

胜利Ⅰ号位于Ⅰ岩带的中段。向北与胜利Ⅱ号北脉相连，向南与胜利Ⅱ号南脉为邻。

胜利Ⅰ号由大、小两个岩管组成，两岩管最近距离为22m。

大岩管在西侧，为一规则的椭圆形，长轴方向300°左右，长98m，宽50m，面积3988m²。岩管边界清晰，管壁倾角近直立。向深部，岩管缓慢收缩，并稍向南东偏移，在垂深50m、100m、200m处，分别形成75m×50m、60m×37m、75m×22m的断面，显示岩管垂向逐步变小，岩管长轴方向具逆时针旋转的特征。

小岩管位于大岩管东侧北部，为一北北东向和北西向双向岩管，平面形态呈"L"形。北段走向15°，长65m，宽15～20m，地表面积1360m²，总体向北西倾斜，倾角80°～85°。西北边界比较规则，呈北北东向的近直线形，东南边界呈北北东向、北西向的折线形。岩管南段走向315°，长45m，宽7～14m，呈枕状，面积485m²。两段在中部呈近直角相交融合。向深部演化，北段在向南飘移的同时，南段由东向西收缩，在垂深50m、100m处，断面面积分别为1320m²、1440m²，形成北北东向北"瘦"南"肥"的楔形体。

向深部，大、小岩管逐步靠近，在大岩管左旋变窄的同时，小岩管相应南移膨大，于130m深处连通，形成一个统一的北西向和北北东向的反"L"形复合岩管。在继续下延的过程中，伴随小岩管的南移，分别在250m、300m形成面积2290m²和2150m²的"牛轭"形岩体。

鉴于岩管向深部收缩变小，300m以下岩管长度约150m，宽约15～25m。大岩管在450m深部仍呈现北西向的轮廓，长约50m，宽约15m；小岩管呈近南北向的脉状体，矿体厚度不足5m。

岩石类型

胜利Ⅰ号的岩石类型比较简单，主要为斑状镁铝榴石金伯利岩和金伯利角砾岩两种，其次是金伯利岩化角砾岩。每一种岩性常因矿物或角砾成分含量的不同而产生一些变化。

贵州东方一号岩管-1

斑状镁铝榴石金伯利岩：胜利Ⅰ号的主要岩性之一。新鲜岩石呈灰绿色、暗绿色，部分呈灰色、暗棕色；风化后颜色略有淡化，常呈灰色、灰黄色或黄褐色。它具块状构造，部分具斑杂状或碎屑状构造，有时因矿物具定向排列显示流动构造。斑状结构的斑晶分布一般比较均匀，部分地段或不同段高，略有变化。根据斑晶多少、大小，可分成少斑、多斑、不等粒等结构类型。斑晶矿物主要为橄榄石（已蛇纹石化），其次为金云母、镁铝榴石，偶尔可见铬铁矿、铬透辉石和金刚石等。斑晶矿物以浑圆形为其显著特点，常呈蚕豆状，称"卵斑结构"。少部分斑晶呈棱角状，称"碎屑结构"。卵斑的核心矿物多为熔圆形态的橄榄石假像，被2～3层不同色调、不同成分的显微结构细粒金伯利岩环绕，其次为绿豆状镁铝榴石，斑晶含量一般为25%～30%，高者可达50%，甚至更高。斑晶颗粒粗大，粒径以0.5～1cm者居多，大者可达5～10cm，斑晶簇集者往往具定向性，且斑晶呈流纹状。基质为细粒金伯利岩或显微斑状金伯利岩，主要由橄榄石（假像）和少量的金云母构成。基质矿物与斑晶矿物的组成基本相似，但更趋复杂化或多样化，除了斑晶矿物外，尚常见有钙钛矿、钛铁矿、磷灰石、榍石、透辉石、尖晶石、碳酸盐岩、碳硅石、镁钛铁矿等。这些矿物含量不多，分布也不均匀。

金伯利角砾岩：主要分布在大岩管中部和北部。按角砾成分和结构特征，分3种岩石类型。

（1）花岗岩质金伯利角砾岩。大岩管的主要岩性之一，占据大岩管地表面积的45%左右。岩石呈灰绿色，部分呈黄绿色、灰蓝色，风化后多呈红褐色。角砾成分为岩管周围的变质花岗岩及其解体矿物长石、石英等，如石英闪长岩、英云闪长岩、二长花岗岩，其次为泥质条带灰岩、鲕粒灰岩等，还有少量深源岩浆岩，如橄榄岩、榴辉岩和细粒金伯利岩等。角砾含量一般为40%，最高可达60%～70%。花岗质角砾直径较大，一般10～30cm，少数达到0.7～1.0cm，多呈等轴状、棱角状，表面粗糙。较大角砾常围绕核心发育1～3层球形节理，因外部脱落而致使角砾呈橄榄球状、枕状。花岗质角砾大部基本维持原岩成分结构特征，大约有1/3的角砾受金伯利岩蚀变作用形成黄绿色或深绿色外表。灰岩等角砾较少，一般呈碎块状、板条状，棱角明显。深源包裹体分布零散，块度5～8cm，个别达15cm，呈球形或椭圆形，多见于小岩管中北部，大岩管较少见。深源包裹体岩石类型为石榴纯橄榄岩、石榴二辉橄榄岩，其次是榴辉岩。金伯利角砾岩胶结物为斑状金伯利岩，与前述斑状金伯利岩相似，仅斑晶粒径较小，并常见橄榄石(假像)的晶屑。受角砾成分的影响，基质中常发生同化混染和接触交代作用，使胶结物发生蚀变，出现含量不等的黑云母、角闪石、绿泥石、阳起石、钙铝榴石、透辉石、绿帘石及次生金云母等。

(2)灰岩质金伯利角砾岩。呈包裹体零散分布，一般呈1～2m的棱柱状，也见有大于2.0m的长条状，呈"浮礁"状产出。岩石呈灰色、深灰色。角砾主要为早古生代泥晶灰岩、条带灰岩、砂屑灰岩、鲕粒灰岩和紫红色砂页岩等，多呈2～5cm的碎块状，棱角尖锐，角砾含量约占40%，胶结物为晶屑状斑状金伯利岩。灰岩角砾大部已大理岩化，并在其周围可见钙铝榴石、金云母、透辉石等接触交代矿物。

(3)金伯利岩化角砾岩。原岩受构造作用，被不规则网状裂隙分解，形成大小不一、碎裂不均的角砾岩化岩石，其中心地带形成北西向圆化砾岩带，宽约1～5m，边界不清，向南北两侧，角砾增大，裂隙减小。沿裂隙常有细脉状的细粒或斑状金伯利岩不规则侵入，局部有斑状金伯利岩不规则囊块，并引起周围岩石同化混染作用，发生蛇纹石化、绿泥石化和褐铁矿化等，同时造成角砾或岩屑的长石化、绿帘石化。金伯利岩矿物的含量，由西而东，由内而外，渐次减少，矿化程度逐步减轻。

上述3种类型金伯利岩在岩管中的分布各有特点，花岗岩质金伯利角砾岩主要分布在大岩管的中北部和东部，靠边产出。金伯利岩化角砾岩仅见小岩管的南段，而斑状镁铝榴石金伯利岩占据小岩管北段全部空间，多出现于大岩管的南部边缘，并不规则侵入花岗质金伯利角砾岩中。除了金伯利岩化角砾岩于-60～-90m标高处分转化为花岗岩质金伯利角砾岩而减少消失外，其他两种岩性向深部基本呈柱状产出，斑状镁铝榴石金伯利岩相对体积增大，它相对于花岗岩质金伯利角砾岩的断面面积由55%增至70%。

■ 延伸阅读：常林钻石

常林钻石重158.768ct，颜色呈淡黄色，质地纯洁，透明如水，晶莹剔透。晶体形态为八面体和菱形十二面体的聚形，相对密度为3.52。

常林钻石是山东省临沭县岌山镇常林村农民魏振芳于1977年12月21日在田间松散的沙土中发现的。她把这块宝石献给了国家，成为我国的国宝。这块钻石以发现地点常林村命名，现收藏于中国人民银行。

常林钻石是我国现存的最大钻石和已发现的第二大钻石。第一大的钻石是金鸡钻石，重281.25ct，于1937年在山东省郯城县李庄乡被发现，后被日本驻临沂县的顾问掠去，至今下落不明。

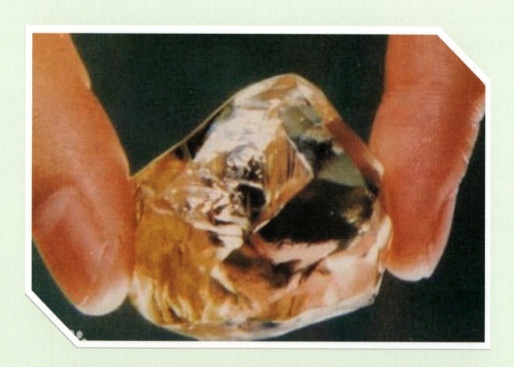

常林钻石（引自宋瑞祥等，2012）

■ 延伸阅读："蒙山一号"

1970年12月，山东省蒙阴县常马庄金刚石矿建成投产，成为我国第一座金刚石矿山。现区内金伯利岩开采矿坑是全国乃至亚洲规模最大、品位最高的金刚石原生矿露天矿开采遗址。

在胜利Ⅰ号岩管中选获了"蒙山一号"（重119.01ct）、"蒙山二号"（重65.57ct）、"蒙山三号"（重67.03ct）、"蒙山四号"（重47.74ct）、"蒙山五号"（重101.46ct）。

"蒙山一号"于1983年被发现，为中国四大钻石之一，是目前国内原生矿产品之冠，规格为33mm×32mm×27mm，淡黄色，晶体透明，"母"（金伯利岩）、"子"（金刚石）、"胎衣"均保存完好，世界罕见。

"蒙山五号"于2006年被发现，规格为28mm×21mm×18mm，浅黄色，金刚光泽，晶体为变形八面体晶形。

"蒙山一号"
（山东省第七地质勘察院　提供）

"蒙山五号"
（山东省第七地质勘察院　提供）

■ 延伸阅读：我国的第一个钻石矿山公园

位于我国山东蒙阴的金刚石原生矿科普基地是全国唯一一家钻石矿山公园(www.zuanshipark.com)，也是沂蒙山世界地质公园的金伯利园区。按照科普基地规划，公园以治理矿山环境、保护和利用矿山遗迹为主题，以弘扬钻石文化为主线，设有矿物岩石标本室、探秘寻宝活动室、临沂市地质资源沙盘、探采矿设备展示区及相关配套基础设施等。

科普基地占地面积 $30km^2$，科普展馆面积 $7000m^2$，分综合服务区、钻石博览区、矿坑探秘区、钻石小镇、钻石游乐区、钻石加工区、矿山游览区、钻石婚纱摄影基地、麦饭石加工展览区等11个区域50余个特色景点。基地藏有大量地质矿业遗迹和矿业史料，具备完整的野外地质考察剖面、野外科普活动装备等，为社会大众切身参与体验钻石生产过程、了解钻石奥秘、接受科普教育等提供了基础平台。

胜利Ⅰ号采坑的东部建立了钻石博物馆。展馆一层为钻石形成厅、钻石特性厅、钻石用途厅、钻石文化厅、世界钻石产业厅、矿产资源展示厅、中国钻石产业厅、矿物岩石标本厅和领导关怀厅，中央大厅设有临沂市地质资源沙盘；二层分为名人名钻厅、钻石加工工艺厅、钻石鉴定厅、钻石形成厅和钻石探宝区；三层整体为4D影院；四层用作观光、会议接待。整个展馆采用多媒体技术的展示形式，通过对视频、音频、动画、图片、文字等媒体加以组合应用，在深度挖掘展览陈列对象蕴含背景、意义的基础上，运用虚拟现实技术、增强现实技术等先进科技，将触摸屏、高流明投影仪、电子沙盘、电子翻书、迎宾地幕系统、裸眼3D电视、4D影院等多媒体设备组合应用，并结合制作精良的动画影像、三维影片等内容。

钻石博物馆已成为当地著名的科普教育基地

(701矿 提供)

发现宝藏

观景台俯瞰胜利Ⅰ号(王玉峰 摄)

钻石博物馆大厅(701矿 提供)

昔日的矿山经过综合治理已成为新人们首选的婚纱照拍摄景点（701矿 提供）

游客们在钻石公园内寻找金刚石（701矿 提供）

浴火而生

极其严格的地质背景

金刚石的形成需要一个克拉通根（或加厚的岩石圈）及较冷的岩石圈，符合正常的地盾地温及低的地表热流值。这实际上反映了一个已在构造上稳定了很久的岩石圈，岩石圈的加厚是软流圈逐渐冷却转变的结果，所以岩石圈的加厚与较冷状态是岩石圈在构造上长期稳定的两个主要事实。只有在这种条件下，岩石圈根部才有逐渐结晶出金刚石的温度、压力条件。事实上，金伯利岩型和钾镁煌斑岩型金刚石矿床的悠久开采历史及近年来的找矿实践也证实，金伯利岩和钾镁煌斑岩的岩浆活动主要限于大陆克拉通地区。

Haggerty(1986)推测了金刚石形成的3种途径：①太古宙粗大金刚石是长期作用的产物；②太古宙下沉的洋壳转变为榴辉岩，在伴随的升温中形成与硫化物共生的粗粒金刚石；③在金伯利岩喷发前，在岩石圈底部上升的碳、氢、氧流体因氧逸度的改变而形成微粒金刚石。总之，在深度、温度、氧逸度适宜，以及有原生碳及碳流体存在的环境，就存在晶出金刚石的可能性，而具有经济价值的金刚石以捕虏晶形式为主。

金伯利岩岩浆的形成与金刚石结晶的环境处于相互联系的统一体系中，因此，只有当深部构造条件既符合金刚石的形成，同时又符合金伯利岩岩浆的形成时，才有可能在近地表或地表处形成金伯利岩型原生金刚石矿床。含金刚石的金伯利岩岩浆起源于加厚的岩石圈

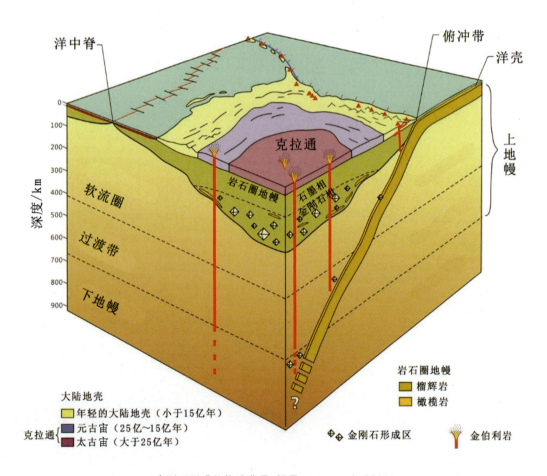

金刚石形成的构造背景（据 Tappert et al., 2011）

下的软流层或岩石圈底部，不含金刚石的金伯利岩岩浆则来源于减薄岩石圈下的软流层，即含金刚石的金伯利岩分布于太古宙克拉通内，对应着下凹的软流圈顶面；不含矿的分布在克拉通周围的元古宙活动带内，对应着上凸的软流圈顶面。这样，金刚石形成的深部构造条件是需要有一个较冷的加厚岩石圈或较冷的克拉通根，而金伯利岩岩浆的形成需要一个碳、氢、氧流体环境，并在地幔深部出现一个小的热扰动。同时，金伯利岩岩浆活动主要限于大陆克拉通地区，且多数金伯利岩型金刚石矿床分布于太古宙克拉通上，因太古宙克拉通具有一个较冷的加厚岩石圈。另外，金刚石矿床主要分布于具稳定沉积盖层的克拉通地区。相对来说，已暴露出古老陆核和地盾的地区可能已经被剥蚀到金伯利岩侵入体的根部位置，导致其含矿性劣于前者。

所有金伯利岩、钾镁煌斑岩及超铁镁质岩都产于克拉通及附近活动带。克拉通及附近活动带是金刚石母岩及超铁镁质岩集中的一级单元，且金伯利岩型母岩偏向于克拉通内，钾镁煌斑岩型母岩偏向于克拉通边缘内外接触带和活动带。

在克拉通内，金伯利岩、钾镁煌斑岩及超铁镁质岩沿次一级活动带分布。大型线性活动带两侧不同特征的次级构造控制了金伯利岩、钾镁煌斑岩及超铁镁质岩集中区的分布，构成三级对应构造单元。这种次级构造单元表现形式不同，可以呈多组断裂交会，或以弧形构造、环形断裂带的形式出现，其共同特征是各方向断裂密集发育。

金伯利岩、钾镁煌斑岩及超铁镁质岩往往会聚集成带状，岩带和一定方向的断裂具体相关，二者构成四级对应单元。在同一聚集区内，控制岩带的断裂可具有不同的方向，相应的岩带也具有不同的方向。在区内，不同的断裂、节理控制了具体的岩体分布。这种断裂和节理具有不同的规模和不同的性质，它们所控制的岩体的形态和规模也不相同，所构成的五级对应单元是最低级别的具体断裂和岩体。

苛刻的温度和压力条件

金刚石形成于地幔深处，要得到其形成所需的温度和压力就需要利用金刚石中的包裹体来进行计算。金刚石的原生包裹体主要可分为 P 型（橄榄岩组合）和 E 型（榴辉岩组合）两类，暗示金刚石在被寄主岩浆捕虏前是赋存于橄榄岩和榴辉岩中。Haggerty(1986)提出在太古宙克拉通内部，岩石圈厚度大、温度低，因而金刚石相—石墨相转变界限所要求的深度较浅(120km 左右)，这样形成金刚石的范围较宽。此外，由于地幔在克拉通内部亏损程度高，金伯利岩多携带方辉橄榄岩型的金刚石。然而，在克拉通周围的元古宙活动带，软流圈顶面位置上隆，地温高，金刚石相—石墨相转变界限变深(200km)，故含金刚石较贫。在克拉通边部，金伯利岩可携带榴辉岩型金刚石。

依据实验结果，Tappert 等(2011)总结了金刚石形成的温度-压力-深度关系图。也就是说，在 1140~1400℃(正常的岩石圈地幔温度范围) 之间，金刚石需要在距地表 132~155km 以下的范围才可以平衡生长，如果温度过高或压力太低(深度太浅)，金刚石则会转变为石墨。依据金刚石中同生矿物石榴子石-辉石包裹体的温度、压力计算结果投图，投影点位于很低的地温梯度范围(36~38mW/m²)内，一般认为 40mW/m² 是典型的稳定地块/地盾的地温状态。

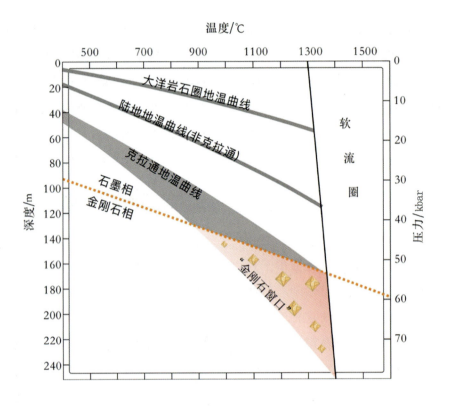

金刚石形成的温度－压力－深度关系图（据 Tappert et al.,2011 修改）

金刚石形成的另一个条件是它需要结晶于低的氧逸度介质中，否则会形成碳的氧化物，逃逸。世界上有经济价值的金刚石都产于太古宙古老克拉通内。这里构造稳定，有较厚的岩石圈根，且地温低，符合金刚石形成的构造环境。此外，金刚石生长经历了长时间、多阶段、有部分流体参与的复杂过程。在深达地幔岩石圈底部的金伯利岩或钾镁煌斑岩岩浆活动下，留存于地幔中的金刚石才可以被携带到地壳，作为矿产资源等待开发。

因此，多数有经济价值的金刚石结晶于古老岩石圈的底部，低的地温、厚的岩石圈根、深部流体的活动及低的氧逸度是金刚石晶出与长期保存的必要条件。金伯利岩是大陆板内岩浆作用的产物。金伯利岩岩浆起源于岩石圈或岩石圈与软流圈的交界处，能够分凝上升、携带金刚石而不被岩浆熔化并最终到达地表也需要有特定的深部动力学条件。因此，必须依赖于金伯利岩岩浆活动所携带的捕虏体/捕虏晶的研究，配合岩浆的反演，才能较为全面地揭示古老岩石圈的组成、热状态、岩石圈根的厚度、氧逸度等。这对现今寻找金刚石具有十分重要的指导意义。

碳的结晶

我们知道，金刚石是由碳元素（C）组成的。碳元素结晶成金刚石需要很大的能量，在几万个大气压及很高温度的条件下才能得以实现。时间也是一个决定性因素，金刚石晶体不是瞬间形成，而是一个碳原子间"扩展式"地缓慢堆积的过程。深度150～200km、压力4.5～6GPa、温度1350℃：古老克拉通地温梯度低的岩石圈根部，才满足金刚石的上述形成条件。在这里形成金刚石储备，即称"金刚石窗口"（富含金刚石的部位），待深部的金伯利岩岩浆作为载体，以至少2马赫（速度与音速的比值,2马赫即2倍音速)的速度,在金刚石没有时间转换成石墨的条件下,金刚石喷出地表。岩管常拥有2km以上的深度,经地表分化剥蚀冲刷,部分金刚石流入河流中形成砂矿,而自身只剩下不过千米。金刚石成分碳元素来源有两种,即幔源碳和壳源碳。

陈华等(2013)利用二次离子质谱(SIMS)方法对产于华北克拉通(山东蒙阴和辽宁大连瓦房店)和扬子克拉通(湖南沅水流域)11颗金刚石不同生长层的碳同位素组成进行了123个点高精度原位(in-situ)测试。结果显示,华北克拉通和扬子克拉通金刚石碳同位素组成存在一定差异。华北克拉通金刚石早期生长"核心"碳同位素(^{13}C)组成平均为3.0‰,分布范围为2.0‰~6.0‰,与全球橄榄岩型金刚石一致;扬子克拉通金刚石早期"核心"碳同位素(^{13}C)平均为7.4‰,分布范围为3.0‰~8.6‰,与榴辉岩型金刚石特点一致。3个产地的单颗金刚石不同生长层碳同位素变化不具有一致性,与是否含包裹体无关,但与金刚石是否存在溶蚀间断明显有关,证实金刚石生长过程地幔流体碳同位素组成不均一,碳储库(介质)不均一性对金刚石生长过程碳同位素变化的影响较分馏作用更为明显。与此同时,现有的测试结果显示,华北克拉通和扬子克拉通金刚石中心—边缘生长层碳同位素变化与氮含量之间缺乏相关性。这反映在我国两个克拉通金刚石生长过程中,地幔流体的元素之间存在复杂的交换作用且地球化学环境可能相对开放。这也说明金刚石形成时华北克拉通和扬子克拉通地幔交代流体碳的组成及来源存在差异。

形成时代的约束

测定金刚石同生包裹体的年龄即可知道金刚石的形成年龄。包裹体的年龄测定有多种方法:硫化物包裹体通过Pb-Pb、U-Pb和Re-Os方法定年,Sm-Nd方法用于测定石榴子石和单斜辉石包裹体年龄,Ar-Ar方法用于测定单斜辉石包裹体年龄。目前以硫化物包裹体Re-Os同位素方法最为准确。经过大量的金刚石定年工作,人们发现同一个金伯利岩岩筒中往往存在多个不同时代的金刚石,并且多个时代的金刚石年龄大于或远大于其母岩(金伯利岩和钾镁煌斑岩)年龄,只有少数金刚石的年龄与母岩年龄相近。

世界上典型金刚石母岩形成时代的统计研究表明,金伯利岩和钾镁煌斑岩及超铁镁质岩在整个地质历史时期有5个形成高峰期,即中元古代(16亿年左右)、中元古代(12亿年左右)、新元古代(7.5亿年左右)、古生代(4亿年左右)和中生代—新生代,最集中期为中生代—新生代,其次为古生代和中元古代—新元古代。

已发现金刚石母岩的最早侵位时间为中元古代,但目前发现的金刚石绝大多数形成于古元古代以前,以太古宙为主。这种时代上的不一致性揭示了地幔统一古金刚石源岩体的存在。

金刚石母岩及超铁镁质岩有随侵入时代变新而岩浆活动强度增加和成矿规模与强度增加的趋势。许多大型金刚石矿床形成于中生代—新生代。这种规律在评价一个岩体的经济潜力时具有参考价值。

同一克拉通金刚石母岩岩浆具有多期重复活动特征。多期活动形成的复式岩体有利于金刚石矿床的形成。

在同一集中区内,金刚石母岩岩浆侵位和其他超基性超铁镁质岩岩浆活动相伴,形成时代相近,这些超铁镁质岩有助于寻找金刚石母岩乃至金刚石矿床。

金刚石母岩岩浆和一个地区的地质演化相关,应从地球演化的角度分析金刚石母岩岩浆活动,这些岩浆活动一般发生在稳定克拉通相对活化期。

我国金伯利岩的形成时代主要有前寒武纪、泥盆纪—石炭纪、中三叠世、晚侏罗世—早白垩世、晚白垩世及第三纪。具工业价值的金伯利岩主要形成于晚加里东—早海西期、晚燕山期。

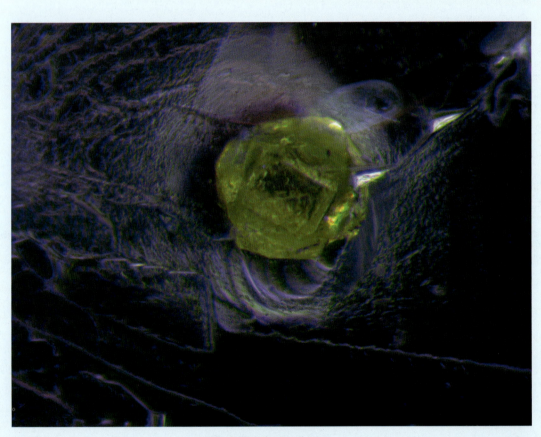

江苏白露山发现的金刚石

走向人类

走向爱情神坛的金刚石

古代,在巴西发现金刚石之前,印度是世界上唯一的金刚石生产国。在人类历史上,最早使用金刚石作为饰品的是印度的国王以及寺庙僧侣和神像。一些历史学家认为,早在公元前8世纪,人们在古印度南部克里希纳河的河床之中就发现了金刚石,因它的美丽、洁净、稀少和超强的硬度而吸引了不少淘金者。在公元前4世纪,印度就出现了金刚石的物物交换。古印度为后世留下了许多名钻,如"大莫卧儿"(787ct)、"皮特"(410ct)、"尼扎姆"(440ct)。

极其稀缺的金刚石资源刚开始仅用于满足印度的权贵富裕阶层,随着世界贸易通道的打通,印度金刚石与东方丝绸一起流入西欧。在13世纪的欧洲,金刚石是皇室贵族的专利品,佩带金刚石则是皇后、公主们的特权。法国国王查理十七世的情妇爱丽丝是第一位打破这种传统的女子,她从国王那里获赠一颗金刚石,并在公共场合佩带,金刚石从此进入民间。

15世纪是金刚石与爱情结缘的里程碑。巴艮地公爵查尔斯爱钻如命,喜好收集金刚石。他在女儿玛丽与奥地利大公麦西米伦订婚时赠予一枚钻戒。这是历史上第一枚订婚钻戒。

16世纪和17世纪,浪漫的法国人独领金刚石新潮流。法国国王弗兰西斯一世的项链镶有11颗大金刚石。他的王后嘉芙莲除喜欢金刚石首饰外,还将金刚石粉末掺入食物中将政敌毒死。甚至有学者相信,欧洲历史上相传的"篡位粉"可能就是金刚石粉末。

路易十四执政期间,金刚石在法国的流行趋势达到顶峰。他全身上下金刚石闪闪,皇宫内也摆满珠宝玉石。据说他以国家名义购买了109颗10ct以上的金刚石、273颗质量为4~10ct的金刚石。其中最著名的要数从宝石商手中购回的44颗大金刚石,其中包括一颗112ct的法国蓝钻。

受法国影响,俄罗斯沙皇也将金刚石视为权力和财富的象征。彼得大帝1724年为皇后加冕时,后冠上镶有2500颗金刚石。

英国王室与金刚石也有一段难解之缘。亨利八世是金刚石收藏家。1558—1603年,用金刚石原石镶成的八角结晶体戒指时髦一时。同时,英国还掀起用金刚石在玻璃窗上刻写情书的热潮,钻戒一度被称为"刻字戒指",甚至伊丽莎白一世本人也在一块玻璃上与沃尔特爵士咏诗谈心,倾诉衷肠。

现代金刚石市场的故事真正始于非洲大陆。19世纪后期,奋勇而至的淘金者们在南非发掘出具有巨大经济价值的金刚石矿床。1866年,人们在南非金伯利发现了金刚石。1888年,企业家塞西尔·罗兹(Cecil Rhodes)成立了戴比尔斯综合矿业有限公司。到1900年,戴比尔斯在南非矿场控制着全球约90%的毛坯金刚石产量。南非的资源影响了金刚石行业的许多部分。他们不但创造了更好的营销需求还带来了切割和抛光技术的进步,提高了效率,降低了成本,并增强了成品石材的外观。

在19世纪70年代,毛坯金刚石的年产量远低于100万ct/a。到20世纪20年代,这个数量大约是300万ct/a。50年后,年产量接近5000万ct/a。在20世纪90年代,它超过1亿ct/a。在20世纪70年代末,世界上最重要的毛坯金刚石生产国是南非、扎伊尔[现刚果民主共和国,简称刚果(金)]和苏联。在20世纪80年代,来自俄罗斯和南非的高品质金刚石产量保持相对稳定,但扎伊尔生产的低品质金刚石增加了1倍以上。

1982年,博茨瓦纳Jwaneng矿山是高品质金刚石的丰富来源,大大提高了博茨瓦纳的金刚石产量,使得该国在金刚石总回收率上升至世界第三,戴比尔斯与博茨瓦纳政府签订合同购买该矿的生产权,博茨瓦纳着手建立自己的金刚石切割行业。随着1985年澳大利亚的资源被发现,以及2000年加拿大北部的新大矿床,世界金刚石开采急剧扩大。

到19世纪末期,美国兴起金刚石首饰,并将它作为爱永恒的象征。戴比尔斯团队在20世纪90年代以"钻石恒久远,一颗有流传"的广告深入人心,从而在市场上掀起了一阵金刚石首饰潮流。金刚石巨商布雷迪拥有2万颗收藏级金刚石;出版业巨子普利策在一次法国皇室珠宝拍卖会上买到一条镶有222颗金刚石的项链送给他的妻子;著名影星玛丽莲·梦露、伊丽莎白·泰勒都与金刚石有过一段美丽的故事。美国老百姓对金刚石也是感情深厚,当世界名钻在纽约展出时,成千上万的观众在雨中排队等候参观。

相比于全球范围的金刚石狂热,古代中国对金刚石一直保持着淡定的态度。在中国的古籍中,最早出现金刚石身影的是晋朝的《起居注》。"咸宁三年,敦煌上送金刚,生金中,百淘不消,可以切玉,出天竺。""天竺"即今天的印度,这与印度最早发现金刚石的历史相符。此后,《魏书》《隋书》和《北史》等典籍均有波斯出土金刚石的记载。可以看出,中国的金刚石最早并非产自中国,而是由佛教徒从印度传入的。从文献记载看,当时对金刚石的性质已有了比较深刻的了解。中国本土最早出产的金刚石来自郯城和湘西地区。据《郯城县志》记载,明朝末年郯城马陵山区发现金刚石,此后的清朝道光年间和清末都有发现金刚石的记载,从而揭开了中国生产金刚石的历史。

金刚石的其他应用领域

金刚石是一种战略资源、高经济价值矿产资源,用途非常广泛。除了作为珠宝首饰之外,它还广泛用于航天、军工、精细研磨材料、高硬切割工具、各类钻头、拉丝模、精密仪器部件等工业领域。

随着技术的进步,金刚石在声、光、电、热性能上都有着广泛的应用,其巨大的潜在市场会越来越明朗化,将成为当今世界高科技新材料领域最富有生命力、最具有发展前景的新型材料之一。

金刚石经加工后可做成车刀和钻孔器,用于机械加工,特别是在汽车和航空生产方面。金刚石车刀切工效能很高。一把好的高速钢车刀在加工了8km的切屑长度后就变钝了,而一把金刚石车刀则可以加工1968km的切屑长度。用金刚石车刀精车铝、铜、铅、黄铜零件和端面,得到的加工精度为$0.5\mu m$,粗糙度约$0.025\mu m$,而普通车刀所保证的精度不高于$12.7\mu m$,粗糙度不低于$0.7\mu m$。

在电气工业中,金刚石拉丝模有着极为重要的意义,用它可以拉制特别细的金属丝——电解铜丝、磷青铜丝、镍丝、碳化物丝、铬钢丝等。一个金刚石拉丝模的使用寿命相当于250个硬质合金拉丝模的使用寿命,而且拉制精度

■ 延伸阅读：羚羊角"破"金刚石

在唐朝的贞观年间，有一位从天竺而来的和尚。他说自己得到了"佛牙"，能划破任何坚硬的东西。老百姓稀奇得很，纷纷前去围观，万人空巷。

这时，正卧病在床的太史令傅奕听说此事，坚决不信。一来作为太史令，傅奕学识一流、博闻广记；二来傅大人原就是一个反对佛教之人。傅奕唤来儿子，嘱咐道："佛牙之说肯定不真！早听说过金刚石特别坚硬，什么都奈它不何，唯有羚羊角能破。你去砸他馆子，用羚羊角破他的'佛牙'！"

起先，天竺和尚还神神秘秘的，无论如何就是不肯把所谓的佛牙拿出来。在傅奕儿子的百般要求下，才勉强拿出放在案几上展示。说时迟，那时快，傅奕的儿子趁天竺和尚不留意，一把掏出羚羊角，对准"佛牙"抡上去就是一击，那"佛牙"果然应声而碎，裂成几瓣！围观的人群恍然，遂作鸟兽散。

这则故事的有关情节还曾出现在电视剧中，虽史实无法考究，真伪难辨，但从一个侧面反映了金刚石的特性。金刚石虽然是自然界中最硬的物质，却有着很大的脆性。根据研究，钻石的断裂韧性与玻璃、混凝土相差无几。如果你想知道锤子砸钻石是怎样的结果，不需要土豪赞助，只需要拿锤子砸一砸玻璃块，就能模拟出近似的结果。

和表面光洁度很高，误差甚至可以控制在 1~2μm 的范围以内。

用金刚石做成的钻探用钻头应用普遍。金刚石钻头的钻进速度比常用的钢粒钻头的钻进速度提高 50%~100%，能节省大量的优质钢材，且成本可降低 35%~40%；井孔直、取心率高；在凿进最坚硬岩层时，与一般常用钻头相比，它具有特别高的效能。

用细颗粒金刚石制成的砂轮为磨削硬质合金的特殊工具，金刚砂轮的磨削能力比碳化硅砂轮高一万倍。这种砂轮还可以加工铸铁、各种难加工钢材。如硬质合金与钢的复合材料、铜、铝等。

Ⅱa 型金刚石具有良好的导热性，可用作固体微波器件及固体莱塞器件的散热片。使用金刚石制成的散热片，在同样的功率密度下，二极管面积可以增大到 $10^3 cm^2$，所能逸散的功率可达 100W，从而使微波功率提高 10 倍。利用金刚石散热片能使半导体在 -68℃ 的条件下正常工作。金刚石散热片还可以用于大功率晶体管、集成电路、可变电抗二极管或其他半导体开关器件等。

Ⅱb 型金刚石有着很宽的禁带，具有半导体性能，它的电阻率比电阻的低，为 50～1200Ω·cm。这种金刚石还能耐高温，具有优良的热耗散性、机械强度及抗腐蚀性能，可以在艰苦的条件下工作，主要用来制作整流器、三极管和半导体金刚石电阻温度计。

由于半导体金刚石有矫波能力，又能经受最大的热波动而无损伤，因此为它应用于宇宙航行指明了方向。半导体金刚石的电阻对于热变化的反映极其灵敏，可以立即记录 0.000 2℃ 以内的温度变化，因而还可以用于医学、电子计算机等方面。自然界中还能见到一种金刚石，核辐射能使它产生小的电流，能用来检测核辐射。这种金刚石还可制造很小的计数器，用作放射线能量的探测器，用来检测粒子 α 和 γ 射线，用于医学、地球物理和核研究工作中。

金刚石在声、光、电、热方面有着广泛的应用，随着科学技术的发展，其需求量将不断增加，开展金刚石找矿对保障我国新兴工业发展具有重大意义。

■ 延伸阅读：巴西金刚石

巴西是具有重要历史意义的金刚石产出国。1725 年，首次在米纳斯吉拉斯州特茹库淘洗黄金的沙滩上发现了金刚石。18 世纪 70 年代，在巴伊亚州地区的沙帕达迪亚蒂金刚石砂矿中发现大颗粒黑色金刚石。到 1967 年，巴西共发现 300 多个金伯利岩岩管，但是由于金刚石品位较低且不具备工业价值，目前巴西最有价值的金刚石产出形式仍然局限于砂矿。在历史上，金刚石的开采方式主要就是砂矿淘选，即矿工在河岸淘洗含金刚石砂砾，通过手选获取金刚石；近几十年，则采用挖泥机等现代机器开展大规模的金刚石开采。巴西金刚石矿区的分布范围非常广，但产量相对较小，产出的几乎全部是次生金刚石，目前年产量约为 10 万 ct，主要产自 Juina 地区、Espinhaco 地区和 Alto Paranaiba 地区，它们是南美洲领先的金刚石产出国和出口国。

巴西金刚石矿床大多数是次生矿床，目前发现的原生金刚石矿床较少，且主要为金伯利岩型金刚石矿，未见钾镁煌斑岩型。共对巴西国内的 15 个州 100 多个金刚石产区进行了勘探工作，其中大多数位于亚马逊、圣弗朗西斯科克拉通或靠近克拉通边界的地区。根据基底地层在 1.5Ga 前保存稳定且其地壳成分和地幔组分之间普遍保持了耦合关系推断，最早的岩石圈地幔来源物年龄可能是古元古代。

巴西原生的金伯利岩主要沿巴西利亚线性构造分布，其中皮奥伊州的Gilbues/Pocos金伯利岩及马托格罗索州Poxoreu金伯利岩与构造关系密切。马托格罗索州Aripuana(Juina金伯利岩)、朗多尼亚州Pimenta Bueno及米纳斯吉拉斯州Alto Paranaiba(年龄70Ma)等地区的金伯利岩中均发现了金刚石。2016年，巴西首个金伯利岩型原生金刚石矿田(Brauna)投入生产。该矿田位于圣弗朗西斯科克拉通东北部Sriinha地块(3Ga，太古宙—古元古代)，区内共发现28个金伯利岩体（古元古代，642Ma），使得巴西金刚石总产量在2016年增长约15.5万ct，其中矿田金刚石产量占全年总产量的63%。

巴西金刚石资源主要分布在米纳斯吉拉斯州、巴伊亚州和马托格罗索州3个地区。

米纳斯吉拉斯州金刚石矿区

米纳斯吉拉斯州金刚石主要产于埃斯皮尼亚苏山脉和西部Alto Paranaiba地区前寒武纪、显生宙砾岩和新生代冲积矿床。埃斯皮尼亚苏山脉砂矿金刚石来源于山脉内或西部圣弗朗西斯科克拉通。米纳斯吉拉斯州西部的金刚石来源于科罗曼德尔地区和戈亚斯州东南部的冲积层或崩积层，位于巴西利亚造山带，沿着圣弗朗西斯科克拉通西部边缘分布。西部的巴拉那河上游有一些直径为50～500m的金伯利岩岩筒和宽度达20cm的金伯利岩岩墙。因巴西大部分地处热带，该地区金伯利岩在地表均风化强烈，难以找到金伯利岩的新鲜露头。

该州著名的迪亚曼蒂纳矿区是海拔4000ft(1ft=0.305m)的高原，是众多河流的源头，面积17hm²，其中有5000m的河流为富矿段，宝石级金刚石含量高，西部的阿坝泰河长270km，曾先后在此发现了3枚分别重144ct、80.30ct和238ct的大颗粒金刚石。

巴伊亚州金刚石矿区

巴伊亚州是金刚石砂矿和原生矿点并存的地区，中部高原的沙帕达迪亚曼蒂纳矿区是一个环状金刚石成矿环带，由4个矿化带围绕而成。中元古代含金刚石砾岩产于沙帕达迪亚曼蒂纳群(1.2～1.0Ga)的Tombador组和Morro do Chapeu组，以及风化的冲击层和崩积层，对Tombador组中古河道进行勘探后推测金刚石来源于盆地外的东部/东北部。

沙帕达迪亚曼蒂纳是世界上仅有的几个黑金刚石矿区之一。区内发现的黑金刚石质量在30~40ct之间,最大者达3078ct。1965年,该区发现第一个含金刚石原生矿的雷东达奥岩管,之后又发现21个金伯利岩管,其中3个岩管中选获1953粒金刚石,总质量为411ct。其中2粒大于5ct,9粒为3~5ct,21粒为2~3ct。8号岩管分布在长15km的断裂带上,从中选获1粒0.92ct的粉色金刚石和1粒7.97ct的无色金刚石。这预示着该区是一个潜在的高品级金刚石成矿区。

马托格罗索州金刚石矿区

该州的Juina地区位于亚马逊克拉通,处于中巴西地盾的Parecis成矿区内。金伯利岩位于亚马逊克拉通的西南部边缘附近,大多数侵位于石炭纪—二叠纪沉积岩。Juina地区金伯利岩是巴西为数不多的、具有经济意义的金刚石矿产地。1985—1995年,该矿区曾产出几颗大于200多克拉的钻石,所产金刚石具有独特的氮含量和聚集状态,内部结构、矿物包裹体组合及温压环境特征均显示出深部地幔来源的特点,和巴西其他产地的金刚石具有一定的区分度。

值得注意的是,金伯利岩中产出的金刚石与砂矿产出的金刚石具有完全相似的包裹体组合,但尖晶石包裹体成分与砂矿金刚石完全不同,其中Ti、Fe、V、Cu、Zr、Nb的含量比砂矿中产出的金刚石低,但Al、Cr、Co、Zr含量则高很多。

1960年,巴西政府在马托格罗索州内163 000hm^{2}范围内开展金刚石勘查,迄今为止已发现50多个金伯利岩岩管,其中许多被认为是该区金刚石砂矿的来源。估计该区金刚石开采价值可能达35亿美元。

巴西地质调查局近年的金刚石勘探项目主要是追索西北-东南向线性构造,区域范围从西到东(W70°~W40°)横跨马托格罗索州、米纳斯吉纳斯州和巴伊亚州。在这条线性构造带中发现了大量金刚石岩管,并在周边水系中发现大量寻找金刚石的线索。通过地球物理勘探对区域构造的查探,以及在构造带地表剖面和自然重砂中石榴子石等指示性矿物的地球化学成分分析,该构造带含有丰富的金刚石矿产资源潜力。

资源格局

国际供需现状及产能分布格局

金刚石上游产业格局

按照产业链划分,金刚石产业链上游主要为负责矿藏开采和金刚石生产的原材料提供商;中游主要为负责对金刚石进行切割与抛光的加工制造商;下游主要为负责将金刚石切磨成品进行首饰设计的各级品牌零售商。

全球金刚石年产量前三的国家为俄罗斯、博茨瓦纳、加拿大,并且鉴于全球金刚石开采量中过半左右符合宝石级标准的经验,上述三大金刚石出产国的宝石级金刚石年产量同样也位列世界前三。

在近15年期间,全球金刚石产量以2008年金融危机为界可划分为两大阶段。在2008年金融危机爆发前,全球金刚石的年产量大多维持在1.55亿ct/a以上,在2005年产量达到1.77亿ct的高点后逐步回落。在金融危机爆发后,2009年全球金刚石产量呈现断崖式下跌,较2018年同比减少26.20%。自此之后的8年时间内,全球金刚石年产量由先前的不低于1.55亿ct/a变为不超过1.30亿ct/a。

2010年至2016年期间,全球金刚石年产量一直维持在1.2亿~1.3亿ct/a之间。2017年加拿大由于新投产了金刚石矿,使得2017年的全球产量跃升至约1.52亿ct,同比增长19.42%,而这2600万ct的产量增长是1986年以来最大的单年产量增长,这也导致了整个产业链的盈余,使得库存难以在短期内被消耗完。2018年,全球金刚石产量基本维持了2017年的较高水平,但还是下降3%,至1.47亿ct。下降的主要原因是俄罗斯Mir矿的关闭和澳大利亚Argyle矿的产量缩减。继2017年

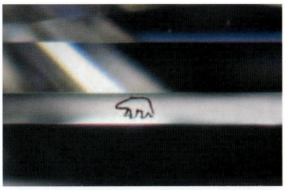

加拿大生产的钻石往往会在其腰棱处标记上品牌印记以显示其原产国(Mitchell Moore 拍摄)

和2018年达到峰值之后,2019年金刚石毛坯产量下降了5%,达到1.39亿ct(比2016年增加10%)。金刚石毛坯销售额下降了18%,并导致矿业公司库存增加了10%。

2020年产量下降了2800万ct(20%)。降幅最大的是俄罗斯、加拿大、博茨瓦纳和澳大利亚。在俄罗斯,Botuobinskaya、Almazy Anabara、Jubilee和其他较小矿山的产量水平有所下降。同年3月,由于Ekati和Renard的

采矿作业暂停，加拿大的金刚石产量下降。在博茨瓦纳，Jwaneng岩管和Orapa岩管的产量减少了26%。按照计划，力拓集团于2020年11月关闭了澳大利亚的Argyle矿。产量增加的仅有南非的Venetia矿和俄罗斯的Udachny矿和Nyurba冲积矿床。中、大钻石产值占比70%～80%或更高，占比保持相对稳定。

在2020年暂停盈利矿山重新开放措施的推动下，2021年全球金刚石产量保持稳定，但是，增加的产量被Argyle矿闭坑抵消。在接下来的3～5年内，产量可能会以每年0%～2%的速度增长，以使整个产业链重新平衡。

从全球金刚石产值来看，全球金刚石产值在2008年金融危机时同样受到重创，但金融危机前后的走势与全球金刚石产量截然不同。在2008年金融危机前，全球金刚石产量在2005年触及高点后出现回落，但其产值却在2004—2008年期间从102亿美元提升至127亿美元。其主要原因是全球金刚石价格由64.24美元/ct拉升至78.16美元/ct。2009年，全球金刚石产值同比减少12.07%，其下滑幅度略小于产量的同比下滑幅度(26.20%)。在金融危机后，全球金刚石生产量一直在1.30亿ct/a之下，但全球金刚石产值在2011年突破了2008年的高点。这主要是受益于金刚石均价在金融危机后由2009年的68.72美元/ct大幅提升至2011年的114.51美元/ct。自2011年起，全球金刚石均价便呈现波动状态，但从未低于90美元/ct，这一水平较金融危机前最高点78.16美元/ct仍有15.15%的涨幅。基于2017年加拿大新增金刚石矿产对均价的影响有限、全球需求不出现大幅萎缩及未来没有发现新的大规模金刚石矿床的三大前提，全球金刚石价格继续维持在90美元/ct以上，并且重拾缓慢抬升的趋势，以此推动全球金刚石产值稳步上升。到了2018年，全球金刚石产值145亿美元，同比增加4.14%。2019年中游市场的库存有所增加，消费者需求略有下降，但2019年这两个细分市场的价格和收入均有所下降。2019年，品种销售转向较小的宝石，这也导致销售额下降。此后，受全球新冠肺炎疫情的影响，金刚石销量走向衰弱。

巴西皮亚唐地区可能出现金刚石砂矿的阶地（蔡逸涛 摄）

■ 延伸阅读：非洲金刚石资源

据自然资源部统计数据，整个非洲大陆的金刚石产值居世界首位（产量略低于俄罗斯）。有35个非洲国家发现了钻石矿，其中博茨瓦纳、刚果（金）、南非、纳米比亚和安哥拉的金刚石产量居世界前列，5个国家天然金刚石产量占世界的50.7%，产值占世界的55.2%。除此之外，金刚石资源在中非、安哥拉、坦桑尼亚、加纳、科特迪瓦、塞拉利昂、几内亚、埃塞俄比亚等国也有分布。南非和博茨瓦纳两国的金刚石年产量就分别占整个非洲金刚石总年产量的13.5%和10%。

博茨瓦纳是非洲重要的金刚石生产地之一，矿业是其国民经济主要支柱，特别是金刚石业，其产值约占国内生产总值的36%，占政府收入的50%，占全国出口总产值的85%。博茨瓦纳目前是世界上金伯利岩岩管中含矿岩管所占比例最高的国家，为8%，而世界上的平均水平是1%。博茨瓦纳大规模的金刚石勘查始于1955年，并在1967年和1975年发现了具有巨大经济价值的奥拉帕（Orapa）岩管和杰旺年（Jwaneng）岩管。这些岩管与"莱特拉卡内"（Letlhakane）及Gope等小岩管一起构成了博茨瓦纳最重要的原生金刚石矿床。博茨瓦纳1980年金刚石产量为510万ct，1990年为1740万ct，1998年约为1940万ct（占世界总产量的17%，按产值计算占世界的29%）。2009年以后，金刚石年产量基本维持在2000万ct/a左右。

由于金刚石产业的繁荣，博茨瓦纳成为非洲经济发展较为成功的发展中国家之一。2018年南非的金刚石资源储量和基础储量分别为7000万ct和1.5亿ct，位居世界第四。纳米比亚砂矿生产的金刚石大多是大颗粒宝石级，质量上乘，全世界约2%的宝石级钻石来自纳米比亚。其均价高达300美元/ct左右，产值居世界前茅。2018年纳米比亚钻石行业产值同比增长13.7%，钻石产量增长15.2%，增速比2017年高出0.6个百分点。

除此之外，刚果（金）也为世界贡献了17%的产量。刚果（金）地处中非克拉通范围，主要矿床类型是金伯利岩型，同时兼具河床冲积金刚石砂矿矿床类型，阶地砂矿、河漫滩砂矿也有所发现。由于刚果（金）个体开采金刚石比例很高（可占到年产量的90%以上），金刚石走私严重，较大一部分金刚石从非法渠道流向了市场。由于宝石级金刚石比率稀少，所以单价偏低，导致其总产值排名并不靠前。

非洲金刚石矿床的形成与克拉通和周边活动带的构造演化有密切的关系。早期克拉通演化期间形成的金刚石及后期俯冲造山等作用形成的金刚石为非洲金刚石的主要来源,而晚期克拉通及周边活动带的再活化则为金伯利岩的侵位提供了条件。

非洲金刚石矿床主要为两种类型：一种为原生金伯利岩型；另一种为次生矿床,即砂矿。原生金伯利岩型金刚石矿床主要分布在非洲南部和非洲东部地区,砂矿型金刚石矿床主要分布在中非、西非和非洲南部(以纳米比亚、南非为主)的大西洋沿岸一带。南非金刚石矿主要分布在该国的中北部地区,以原生矿为主,主要形成于中生代,其次为前寒武纪。南非金刚石砂矿矿床主要分布在大西洋沿岸和奥兰治河流域一带,形成于中新生代。博茨瓦纳金刚石矿床主要形成在博茨瓦纳东部,以原生金伯利岩型矿床为主,成矿时代主要为白垩纪。纳米比亚金刚石矿床主要分布在该国大西洋沿岸一带,为砂矿型矿床,形成于中新生代。非洲其他国家金刚石资源,除坦桑尼亚金刚石矿床主要为原生型外(形成于中生代),其余国家均主要为砂矿型(形成于中新生代)。刚果(金)的金刚石矿床主要分布在西部开塞河流域和布什玛依河流域一带。开塞河流域的金刚石矿床以砂矿型为主,形成于中新生代；布什玛依河流域的金刚石矿床则以原生金伯利岩型矿床为主,成矿时代主要为晚白垩世。

金伯利岩型

非洲金伯利岩可以分为Ⅰ型和Ⅱ型：Ⅰ型金伯利岩如"奥拉帕""金伯利""咖啡方丹"和"普列米尔"等；Ⅱ型金伯利岩如"芬什""克勒普方丹"和"多科瓦约"等(Skinner,1989；Mitchell,1995)。含金刚石的Ⅰ型金伯利岩通常以岩管的形式出现,而Ⅱ型金伯利岩则以岩脉的形式(除芬什、拉茨和沃斯普等矿床)出现。另外,Ⅱ型金伯利岩仅在非洲南部出现,且少数富含钾质矿物的金伯利岩通常不含金刚石。Ⅰ型和Ⅱ型金伯利岩在矿物组成及地球化学方面具有明显的差异性:Mitchell(2006)认为Ⅱ型金伯利岩来源于交代岩石圈地幔,而Ⅰ型则来源于软流圈地幔,交代岩石圈地幔在各大陆间具有差异性,而软流圈地幔则具有相似性。

冲积砂矿

冲积砂矿在非洲中南部分布广泛且规模较大,比较著名的为纳米比亚和南非奥兰治河、瓦尔河中的冲积砂矿。奥兰治河砂矿分布范围长达250km,宽100～300m,厚0.3～4m,金刚石品位0.01～0.3ct/m^3。该区域发育有始新世—全新世的砂砾石沉积序列(金刚石即赋存在这些古老的沉积物中),且渐新统—中新统中发育粒径最大、品位最高的金刚石。瓦尔河砂矿长度80km,宽度20～100m,厚度0.2～2.1m,金刚石品位0.5～1.7ct/m^3。

滨海砂矿

非洲中南部的滨海砂矿主要分布在纳米比亚的大西洋沿岸。该砂矿带沿海岸延伸达1600km,宽度约10km,由南向北金刚石变小且品位变低(Sutherland,1982)。砂矿主要赋存于海滩砾石、沙漠风蚀序列及其他沉积物内，被认为与奥兰治和布菲尔耶等河流有关，这些河流携带的自始新世以来的冲积物是其主要物质来源。此外，在南非的纳马夸兰海岸也发现了次生金刚石矿床。

非洲部分金伯利岩形成年龄(据 Shirey et al.,2014; Mitehell,1995)

金伯利岩名称	金伯利岩类型	年龄/Ma	测试方法
金伯利	Ⅰ型	94.9	锆石 U-Pb
奥拉帕	Ⅰ型	93.1	锆石 U-Pb
纽兰兹	Ⅱ型	114±1.6	金云母、全岩 Rb-Sr
芬什	Ⅱ型	118.5±2.8	金云母 Rb-Sr
斯瓦特勒亨斯	Ⅱ型	142±4	全岩 Rb-Sr
多科瓦约	Ⅱ型	203±7	金云母 Rb-Sr
朱瓦能 DK2	Ⅰ型	206±8	锆石 FT
威尼西亚	Ⅰ型	530	金云母 Rb-Sr
克罗索斯	Ⅰ型	502±47	金云母 Rb-Sr
普列米尔	Ⅰ型	1202±72	钙钛矿 U-Pb

金刚石下游产业格局

印度、欧盟、阿联酋、中国和以色列为2012年毛坯金刚石进口量最大的5个国家和组织，其中印度仍然是最大的毛坯金刚石消费国。2012年印度进口15 187万 ct 的毛坯金刚石，出口量达3440万 ct。由此可看出，印度仍有77%的毛坯金刚石在加工后留在了本国，这一数据较2011年增长23%。作为一个新兴的毛坯金刚石切割中心，中国已成为了世界金刚石需求量排名第二的国家（仅次于印度），全年金刚石的净进口额达到了600万 ct。欧盟各国对毛坯金刚石的需求量并不旺盛，2012年进出口量基本持平，但不可否认欧盟对全球金刚石业的发展具有举足轻重的作用。近几年的数据显示，全球至少有1/3的毛坯金刚石都会最先流入欧盟，经过加工后再销往世界各地。

2012年成品金刚石首饰零售额同比增长1.8%，为721亿美元。2012年1ct成品金刚石的价格却相比2011年的下降了4.5%，而价格下降的主要因素是中国和印度成品金刚石市场需求的降低。从2013年上半年来看，市场有所回暖，有回到正常的趋势，这主要得益于美国的市场需求稳定，使得价格下跌趋于缓和。其中，印度卢比的贬值对其国内制造加工业的冲击导致了印度国内对成品金刚石需求的降低。到了2014年初，受节日热销的影响，金刚石价格有所回弹，上涨了1.5%。

2018年，约有52%的宝石级金刚石最终流入首饰领域。尽管2019年毛坯金刚石的总产量波动不大，但是毛坯金刚石的销售额减少了25%，一些主要金刚石生产商采取了积极态度，增加了毛坯库存、减少中游环节的压力、给予更加灵活的购买钻坯付款期限，全年金刚石毛坯价格下降5%。而小规模金刚石矿业公司为了减少库存，下调毛坯金刚石销售价7%~10%不等。2019年上半年，金刚石毛坯价格、销售组合和销量的压力导致大多数生产商的调整后EBIT（earnings before interest and tax，息税前利润）利润率下降。ALROSA在金刚石毛坯生产领域保持最高利润率。Rio Tinto和其他几家拥有大量小宝石和近宝石级钻石的小型矿商报告称，2019年上半年的EBIT利润率为负。

2020年上半年，受新冠肺炎疫情的影响，全球主要城市的封锁和经济衰退导致上游、中游企业停业或减产，金刚石零售相应减少了15%。除ALROSA外，所有矿业公司均报告2020年上半年的息税前利润（EBIT）利润率为负。

新冠肺炎疫情同时加速了钻石行业的结构性变化。电子商务在零售领域的应用有所增加，并扩展到金刚石毛坯和成品钻石的B2B交易。低品质钻石和高品质钻石之间的差异销售更加明显。在毛坯金刚石市场，在线销售平台克服了疫情带来的旅行限制并简化了销售流程。通过在线"看货"毛坯金刚石获得了更高的销售份额，从而抵消了传统销售渠道的不足。矿商还与中游从业者建立了利润分享合作伙伴关系，以分散中游从业者从原石到成品的风险和价格波动，并从成品钻石销售中获得额外利润，如矿商Lucapa Diamond Company与制造商Safdico International和HB Antwerp之间的合作。

同时，在此期间，金刚石的销售也受到了国际局势的影响。即使在疫情和国际局势完全缓解之后，业内人士也必须继续重组商业模式以适应可持续发展趋势。

近年来，金刚石储量总水平一直稳定在23亿ct左右，每年产量大致与新增储量相当。新增储量和年产之间的大致平衡强烈地预示着整体的生产格局将不会在短期内发生明显的改变。然而，大多数新增加的储量比起现在正在开采的金刚石质量要差得多。贝恩公司（Bain & Company）与安特卫普世界金刚石中心Antwerp World Diamond Centre（AWDC）最近的一项研究表明，金刚石销售额在未来10年的年增长率预计能达到2%~5%，主要增长将由中国、印度和美国来带动。

金刚石中游产业格局

在整个金刚石产业链中，切磨、抛光等加工业是中游产业。印度是当前最重要的金刚石进口国和加工国。印度进口来自全球各地的金刚石原石，然后对它们进行切割、抛光等工序后再对外出口。受限于技艺与工艺，印度以加工小颗粒金刚石为主。按金额计算，印度2017年的金刚石净进口额(=进口总额-出口总额)占据了全球大约90%的份额。将进口额、出口额拆分来看：在金刚石进口方面，印度的金刚石进口额自2008年的79.60亿美元增长至2017年的188.89亿美元；在成品钻出口方面，2008—2012年期间的波动相对剧烈，印度成品钻出口额从2008年的151.56亿美元攀升至2010年的305.74亿美元的高点后，再度回落至2012年的216.07亿美元，2012年以后，印度成品钻出口额便一直围绕230亿美元上下小幅波动。综上可见，印度的净进口额逐渐加大主要是受进口端增长的驱动。另外，2018年印度进口金刚石总重高达1.73亿ct，价值167亿美元，进口单价约为96.5美元/ct，但经受过打磨与抛光过后的成品钻出口总重为近3150万ct，出口总额超过240亿美元，平均价格为775美元/ct。假设印度当年进口的全部金刚石经加工后再全部出口，那么成品钻相较于金刚石原料而言总重缩水81.79%。在不考虑总重缩水的情况下，印度的出口成品钻与进口金刚石之间每克拉均价相差703%；在考虑总重缩水的情况下，二者之间的价差则为43.71%。

除印度外，美国纽约、以色列特拉维夫及比利时安特卫普同样也是世界重要的金刚石加工中心。与印度不同的是，上述三大加工中心主要加工高品质、大克拉的金刚石。作为世界最重要的金刚石交易中心之一，安特卫普世界金刚石中心(AWDC)2018年的金刚石进口均价为1994美元/ct，较2018年同期增长1%，达到2014年以来的最高位；2018年成品钻出口均价为2392美元/ct，同比增长5%，达到近十年来的最高水平。安特卫普的价差和加工损失率都明显低于印度。2018年，安特卫普进口金刚石总重574.21万ct，出口成品钻总重478.51万ct。假设进口经过加工后全部出口，那么加工前后仅损失16.67%的质量。然而，无论是近乎垄断小颗粒金刚石加工市场的印度还是专注于加工高品质、大克拉金刚石的安特卫普等世界加工中心，金刚石首饰加工企业的毛利率与利润率相较于上游和下游企业而言依旧十分微薄。

实验室培育金刚石

相较于2018年，2019年实验室培育金刚石的产量增长了15%～20%，其中大部分的增长来自中国。随着实验室培育金刚石市场的发展，金刚石市场出现了多种商业模式。中国企业主要使用高温高压(HTHP)技术生产金刚石毛坯，以最低的生产成本参与竞争，主要上市公司为黄河旋风、豫金刚石等。

值得注意的是，2019年实验室培育金刚石市场份额再次增长了15%～20%，这主要是由中国和印度合成金刚石生产商推动的。珠宝设计师们开始使用实验室培育金刚石，这进一步推动了培育金刚石的销售。培育金刚石的营销工作以及零售商对培育金刚石接受度的提高都推动了培育金刚石产量的增长。美国是当前最大的培育金刚石消费市场，约占全球培育金刚石消费市场的80%。中国目前是培育金刚石的第二大消费市场，约占全球的10%。

在实验室培育金刚石的生产方面，其产量以每年10%～20%的速度增长，大于1ct的白色优质切工金刚石越来越受到关注。2020年，实验室培育金刚石产量达到600万～700万ct，其中高达60%的份额来自由中国HTHP技术生产的实验室培育金刚石。利用现有的工业产能，中国生产的实验室培育金刚石产量占全球市场的40%～50%，印度占15%～20%，美国占10%～15%。中国占主导地位的实验室培育金刚石技术为HTHP(高温高压)合成金刚石方法，美国和印度为CVD(chemical vapor deposition,化学气相沉淀)合成金刚石方法。实验室培育金刚石的零售价格在2020年下降,而批发价格保持稳定。这导致贸易商和珠宝制造商的利润率收缩。此外,价格的进一步下降将使对价格敏感消费者群体更加倾向于选择实验室培育金刚石。目前,大多数实验室培育金刚石的市场集中在美国,其次在中国。

随着现有天然金刚石矿产资源的枯竭,实验室培育金刚石在未来将缓解天然金刚石的供应短缺的情况。中国具有实验室培育金刚石生产地的优势。新一代消费者对实验室培育金刚石的接受度也正在提高。中国实验室培育金刚石的巨大市场空间仍有待继续挖掘。

主要矿业公司

从竞争格局上来看，金刚石首饰行业上游的金刚石矿产资源及开采权早已被全球几大金刚石开采商高度垄断。从产量上来看，2019年全球前四大金刚石开采商包括埃罗莎(ALROSA,主要矿产所在地为俄罗斯)、戴比尔斯(De Beers Group,主要矿产所在地为博茨瓦纳)、力拓(Rio Tinto,主要矿产所在地为澳大利亚)和佩特拉钻石(Petra Diamonds,主要矿产所在地为南非，以下简称佩特拉钻业)，上述四大巨头包揽2019年全球近65%的金刚石产量，相较前些年将近70%的占有

利用高温高压法(HTHP)在实验室培育的金刚石

率出现轻微下降。从产值角度出发,据戴比尔斯(De Beers Group)的统计,2017年全球金刚石销售额达到166亿美元,其中埃罗莎(ALROSA)和戴比尔斯(De Beers Group)就已经占据全球近60%的销售额,并且自2015年以来二者在全球金刚石销售额的占比从未低于55%,证明全球金刚石开采与销售市场呈现高度垄断的格局,金刚石上游高度垄断的竞争格局在未来较长时间内都难以发生重大转变。

2009年,埃罗莎公司开始取代传统的金刚石巨头——戴比尔斯公司成为世界上最大的金刚石生产商。据埃罗莎公司报道,2013年,其金刚石产量增长了7%,达到3690万ct;2013年,利润的增长得益于6月收购的Nizhne-Lenskoye公司,而此公司在雅库特拥有Molodo砂矿和Billyakn砂矿(2013年产量达到了200万ct)。除此之外,埃罗莎公司也正在积极探索位于雅库特的Mir矿山、Aikhal矿山和Udachny矿山及阿尔汉格斯克的Severalmaz矿山开采寿命延长的问题。

戴比尔斯公司2013年生产了3120万ct的金刚石,相比2012年的2790万ct增长了12%。这主要归功于它拥有半数股权的Jwaneng矿山(博茨瓦纳政府拥有50%)及Orapa矿山(博茨瓦纳政府拥有50%)和南非的Venetia矿山(Ponahalo公司拥有26%股权)与南非西北地区全资Snap Lake矿山的产量增长。

2012年,英美资源集团以52亿美元的现金收购了奥本海默尔家族在戴比尔斯公司40%的股权,使其股份增加到85%,但仍有15%的股份为博茨瓦纳政府所拥有,政府投入在其中仍然起到重要作用。

2013年,力拓集团产值达到1600万美元,相比2012年的1310万美元增长了22%。这主要得益于阿盖尔矿转向地下开采。同时,力拓集团所属(力拓集团占股60%,统治集团占股40%)、位于西北地区露天开采的Diavik矿也在2012年9月闭坑,转入地下开采。

2014年1月,统治钻石矿业公司(前身为Harry Winston)在一个财政年内可产出3600万ct的金刚石。产量主要来自于加拿大西北地区的Diavik矿山(控股40%)和Ekati矿山(控股80%)。Ekati矿山原由必和必拓控股,于2013年4月被统治集团收购了80%的股份。

佩特拉钻石公司于2010年前后收购多处钻矿,如Cullinan、Finsch,以及Williamson这样的露天矿。2013年,它生产了2700万ct的金刚石。它在2020年经历了严重的债务危机,因此,2020年的金刚石产量仅为350万ct。

鉴于全球金刚石开采权及矿藏资源被高度垄断,全球的金刚石销售状况理应会受到更多来自开采商自身的影响,但实际上全球金刚石的销售状况受整个金刚石首饰产业链上中游库存与下游需求的影响。以2015年为例,根据戴比尔斯(De Beers Group)数据,2015年全球金刚石首饰零售额约为790亿美元,同比减少2.47%。面对下游零售端销售额的负增长,全球各大金刚石开采商并没有采取任何减产行为来预防由中游库存积压引发的金刚石价格下挫,而这一选择最终导致2015年全球金刚石的销售额与金刚石均价同比下降6.21%,并且在2016年下游金刚石首饰销售额同比增长1.27%的情况下进一步下挫,2016年全球的金刚石销售额与金刚石均价均同比下滑10.91%。综合来看,尽管金刚石开采商形成了垄断的格局,但在制订开采与销售计划时仍需关注整个金刚石产业链条上各个环节的库存与销售压力,防止金刚石均价出现剧烈波动。

金刚石生产商 2004—2013 年产量

生产商	金刚石产量/百万 ct									
	2004 年	2005 年	2006 年	2007 年	2008 年	2009 年	2010 年	2011 年	2012 年	2013 年
埃罗莎 ALROSA	21.7	39.8	39.8	34.6	34.8	34.0	34.3	34.6	34.4	36.9
戴比尔斯 De Beers Group	47.0	49.0	51.0	51.1	48.1	24.6	33.0	31.3	27.9	31.2
力拓集团 Rio Tinto	25.2	35.6	35.2	26.0	20.8	14.0	13.8	11.7	13.1	16.0
统治集团 Dominion Diamond	0.0	3.9	3.3	4.8	3.7	2.2	2.6	2.7	2.9	3.6
佩特拉钻石公司 Petra Diamonds	0.0	0.1	0.2	0.2	0.2	1.1	1.2	1.1	2.2	2.7
小计	93.9	128.4	129.5	116.7	107.6	75.9	84.9	81.4	80.5	90.4
其他	65.3	48.3	46.6	51.3	55.3	48.9	43.4	42.6	47.5	44.6
总计	159.2	176.7	176.1	168.0	162.9	124.8	128.3	124.0	128.0	135.0
主要生产商产量所占比重 /%	59	73	74	69	66	61	66	66	63	67

中国金刚石资源现状

目前,全国金刚石找矿勘查工作主要由中国地质调查局南京地质调查中心牵头,由中央地勘基金提供资助,各省级地质勘查局、地质矿产局向金刚石找矿专业地质队提供省地勘基金的支持。此外,南京大学、中山大学、中国科学技术大学都有研究团队在进行金刚石的研究工作。

勘查历史

中国有计划的金刚石找矿工作始于1952年。20世纪50年代主要开展金刚石砂矿勘查,先后在湖南沅水流域、山东沂沭河流域等地探明一批金刚石砂矿矿床。自1964年全国第一次金刚石专业地质工作会议以后,中国开始开展金刚石原生矿勘查工作,并先后在贵州镇远、山东蒙阴、辽宁大连瓦房店等地发现了一批金刚石原生矿和一批金伯利岩。同时,开展了一批金刚石找矿的水系重砂测量、航磁测量等基础性地质调查工作,积累了丰富的资料。

中国金刚石的工业化开采也始于20世纪50年代。1957年,国家计划委员会确定由沅水地质队负责组建,在湖南常德建设中国第一个金刚石砂矿，1959年更名为"建工六〇一矿"。山东郯城金刚石砂矿由郯城县工业局于1958年始建，1959年产金刚石247ct，1962年更名为"建工八〇三矿"，规模为年产金刚石3000ct。1966年8月，国家地质部、建材工业部决定启动山东蒙阴原生金刚石矿筹建工作，于1970年建成投产，开采红旗1号岩脉，1971年4月命名为"建材七〇一矿"。该矿是中国开采的第一个原生矿，先后产出"蒙山一号"（重119.01ct）和"蒙山五号"（重104.695ct）两颗100ct以上的国宝级钻石。1980年，辽宁省地矿局第六地质队组建滨海金刚石矿，试采瓦房店（复县）50号岩管。这4座金刚石矿为中国金刚石工业和国民经济的发展做出了重要贡献。

在这一阶段，金刚石找矿队伍建设也取得了较大进展，先后成立了湖南沅水地质队（湖南413队）、山东沂沭河地质队（809队）、黔东南队（101队）、辽宁金刚石普查分队。20世纪80年代末至20世纪90年代，我国与英国、澳大利亚等国的金刚石矿业公司合作，共同开展金刚石勘查工作，引入了国外金刚石找矿的方法技术。2013年，中国新一轮金刚石找矿工作开始，中国地质调查局南京地质调查中心联合全国金刚石专业找矿和高校一起开展全国范围的金刚石找矿工作。

与国外相比，中国是世界上金刚石矿产资源贫乏国。长期以来，中国一直把金刚石列为急缺矿种。目前，中国已在17个省区市发现了金刚石矿产或其线索，但只在辽宁、山东、湖南、江苏、贵州5个省有金刚石探明储量，并主要集中在辽宁和山东两省。2017年，全国探明金刚石矿产地24处，累计探明金刚石矿物储量3 124.6kg（折合1 562.3万ct)，较2016年金刚石矿物储量3 396.5kg（折合1 698.25万ct）减少8%（《2017中国矿产资源公报》），成为重要矿产资源中下降幅度最大的矿种。

除山东省郯城县小埠岭金刚石砂矿已闭坑外，全国保有金刚石矿产地23处（其中大型矿5处、中型矿5处、小型矿13处）。全国保有金刚石矿物储量B+C+D级4179kg（折合2 089.78万ct)，其中B+C级为1 924.26kg（折合962.13万ct）。中国保有金刚石产地的勘查程度和可利用程度均较高。其中，已勘探矿产地储量占总储量的78.6%，已详查矿产地储量占总储量的20.2%，普查矿产地储量只占总储量的1.2%；已利用和近期可利用矿产地保有储量占总储量的84%，暂难利用矿产地储量占总储量的16%。中国金刚石探明储量信息较集中地取得于1964—1980年。1985年以后，虽然探明储量基本没有增长，但在大力实施金刚石找矿的工作中，我们在方法技术和岩管数量方面取得明显进展，如在辽宁东部发现109号、110号两个含金刚石金伯利岩体，有待进一步查明工业价值；在山东小埠岭火山岩区发现金刚石和镁铝榴石；在山东、湖南、辽宁、吉林、山西、河北、贵州、江苏、江西、新疆、内蒙古和西藏等17个地区发现金刚石；等等。这说明中国具备金伯利岩和钾镁煌斑岩两种类型原生矿的成矿地质条件，有进一步增加资源储量的可能性。

经过半个世纪的勘查，中国金刚石探明工业储量和开采消耗储量主要分布在湖南省、山东省和辽宁省3个省份。

中国探明和开采消耗金刚石储量情况

地区		类型	岩管名称	累计探明资源储量百分比/%	开采消耗资源储量百分比/%	保有资源储量百分比/%	备注
辽宁	瓦房店	原生矿	二道沟42号	18.14	0	23.35	
			头道沟50号	15.97	66.43	0	
			大李屯110-38号	0	0	0	21万ct(2009年新增)
			涝田沟30号和30-2号	11.81	0	15.14	
			头道沟51号、68号、74号	4.76	0	6.1	
		砂矿	头道沟	0.68	1.93	0.27	
			二道沟	0.12	0	0.16	
			大四川	0.34	0	0.43	
山东	蒙阴	原生矿	常马红旗1号、30号	0.73	2.46	0.18	
			王村胜利1号	19.42	26.5	16.73	
			西峪岩管群	24.3	0	31.15	
			常马矿带	24.3	0	31.15	
	郯城	砂矿	陈桦	0.04	0.04	0.04	
			于泉	0.25	0.35	0.22	
湖南	常德	砂矿	丁家巷	2.26	1.77	2.36	
			桃源	0.48	0.53	0.45	
			所头	0.03	0	0.04	
			新庄垄	0.06	0	0.08	
安徽	栏杆	原生矿	老寨山				辉绿岩型,25万ct(2018年新增)
江苏	新沂	砂矿	王圩				
贵州	镇远	原生矿	东方1号				

辽宁是中国金刚石矿产资源的第一大省，保有金刚石矿产地9处，均位于瓦房店市（复县），其中6处为原生矿产地（大型3处、中型2处、小型1处），3处为砂矿产地（中型1处、小型2处）。

山东是中国金刚石矿产资源的第二大省，也是最早发现金刚石原生矿床的产地。山东省保有金刚石矿产地共9处。其中，原生矿产地5处（大型2处、小型3处），均位于蒙阴县；砂矿产地4处，均为小型，均位于郯城县。

湖南省的金刚石开发较早，共4处保有金刚石矿产地，均为砂矿，其中常德丁家港矿和桃源县桃源矿为中型，另2处均为小型。

江苏省仅在新沂市王圩普查了1处金刚石砂矿产地，探明储量甚微，可供进一步工作。在本次工作中，仅在苏北白露山岩体型发现金刚石2颗。此地具有进一步工作潜力。

2018年，在安徽宿州栏杆地区新发现含金刚石岩筒，出土金刚石2000多颗，提交333资源量0.96万ct，333+334资源量25万ct。

贵州省于20世纪60年代中期找到原生矿。镇远马坪发现含金刚石钾镁煌斑岩，围岩是古生代寒武纪碳酸盐岩。含金刚石钾镁煌斑岩呈岩墙状或岩床状产出，主要矿物为金云母，次要矿物有橄榄石、铬镁铝榴石。金刚石以浅灰色—浅黄绿色为主，形态多呈八面体和菱形十二面体，常有石墨包裹体和裂隙，极少数晶体有绿斑。贵州金刚石砂矿产地达45处以上，砂矿中伴有镁铝榴石、铬尖晶石、含铬金红石、碳硅石等。贵州产有Ⅱ型金刚石。多数金刚石粒径仅零点几毫米至几毫米。最重的宝石级金刚石达2ct。

湖北省已知有20余处砂矿中含有金刚石，并寻获40余颗金刚石，总重81.58mg。京山、钟祥等地发现有金伯利岩；大洪山南麓已发现金伯利岩群，并在附近砂矿中找到小颗粒的金刚石，见八面体晶形；曾发现一颗重达7.67ct的金刚石，呈菱形十二面体；但是，至今湖北省尚未找到具有工业价值的原生矿床。

河南省豫北曾发现金伯利岩，并在附近河流重砂中找到几颗小金刚石；在豫南地区，20世纪70年代晚期曾有群众送来4颗石子请地质队鉴定，确定为金刚石，其晶体均为曲面菱形十二面体，晶面为稍外凸的曲面，晶棱也为稍外凸的曲线，无色透明，金刚光泽，产地不明。

大别山东段高压变质的榴辉岩中也发现有微粒金刚石。

新疆不仅在《古矿录》中有产金刚石的记载，而且近代也时有关于发现金刚石的报道。1984年，新疆墨玉县的群众在喀拉喀什河古河床淘金时，找到一颗重达1.2ct的金刚石；1985年7月，又在其附近发现一颗重0.2ct的金刚石；新疆西南部还发现了含金刚石金伯利岩岩体；另外，萨尔托海超基性岩体中发现有细小的金刚石。

西藏罗布莎和内蒙古地区均发现了细粒的金刚石。

■ 延伸阅读：中国金刚石矿产资源工业指标

中国金刚石矿产资源工业指标

矿床类型		岩脉型矿		岩管型矿	
		低指标	高指标	低指标	高指标
原生矿	边界品位/(mg/m³)	20	40	10	20
	工业品位/(mg/m³)	30	60	15	30
	最小回收颗粒直径/mm	0.2	0.2	0.2	0.2
	坑道进尺每米毫克值/(mg/m)	30	30	/	/
次生矿	边界品位/(mg/m³)	1.5			
	工业品位/(mg/m³)	2			
	可采厚度/m	0.2～0.6			

中国金刚石产业现状

中国的金刚石消费潜在市场巨大，是仅次于美国和印度的世界第三大金刚石市场。中国珠宝首饰消费市场潜力很大，但宝石级金刚石产量远不能满足国内需要。

金刚石是中国目前紧缺的矿产之一，总资源储量逐年减少，不少矿山资源枯竭，保证程度严重不足。中国保有金刚石矿物储量仅相当于世界金刚石储量基础的0.1%，人均金刚石占有甚微，可供开发利用的矿产地不足。进入20世纪以来，中国金刚石年产量远不能满足本国消费的需要，金刚石严重依赖进口。进行新一轮金刚石找工作，实现金刚石找矿的重大突破，对破解中国资源约束瓶颈意义非常重大。

由于缺乏对金刚石矿产资源的掌握，中国的金刚石首饰企业主要集中在产业链中下游环节。中国是除印度外的全球第二大金刚石切割抛光国，2017年占全球金刚石净进口额的比例不足10%。由于中国并没有过多的金刚石矿产资源，金刚石与成品钻石主要通过保税贸易和一般贸易这两种方式进入中国市场。保税贸易方式指的是金刚石或成品钻石在进口至中国后，可凭借已签订的加工合同将货物发往相应的工厂完成切割、抛光、翻修等工序,但由于此类货品不在国内市场进行销售,故而不对此类货物征收关税;一般贸易指的是货物在完税后进入中国,可在大陆市场销售。中国金刚石与成品钻的一般贸易进口唯一通道是上海钻石交易所,所有进口至国内市场的金刚石货品必须通过此交易所完成交割与备案,然后其中大部分待加工金刚石货品将运抵中国金刚石首饰加工企业众多的广东省进行加工。根据贝恩咨询的报告,2010年我国共计拥有30 000万~50 000万名金刚石加工技师,其中大部分集中在广东省。除了众多金刚石加工企业,我国还拥有众多金刚石品牌零售商。他们主要依靠从海外中游供应商手中进口成品金刚石,然后采取委托加工的生产方式在国内完成从造型设计到镶嵌成品的全过程,最终借助品牌零售商的营销手段及依靠自身或经销与加盟商所搭建的渠道向终端消费者进行销售。

自2000年上海钻石交易所(简称钻交所)成立至2011年期间,中国的金刚石交易总额实现超高速增长,由2001年的1400万美元增长至2011年的47.07亿美元。在此期间,尽管遭受了2008年金融危机的冲击,但中国的金刚石交易总金额在2008—2009年依旧保持了10%以上的同比增长。然而,2012—2018年上海钻石交易所金刚石交易总额回落了,远不及前期水平。造成增速大幅回落的原因有两个方面:一方面是尽管中国在金融危机后利用多项刺激性政策保证经济发展,但终究难以摆脱金融危机后全球经济不景气的宏观环境所带来的负面影响;另一方面是前期国内金刚石首饰供给远低于需求导致供不应求的局面,致使行业经历了超高速增长,而在国内金刚石首饰供给逐渐匹配真实消费需求时,金刚石交易总额的增长速度便自然会回落至匹配金刚石珠宝实际消费需求的增长水平。2018年,上海钻石交易所公布的金刚石交易总额达到57.84亿美元,同比增长8.24%;一般贸易项下的成品钻进口总额为27.06亿美元,同比增长7.6%。交易总额与成品钻进口总额均创下钻交所成立以来的新高,但同比增速较2017年同期20%左右的增速而言大幅放缓。基于中国目前已经度过前期供需不匹配的迅猛发展期并处于供需平衡的合理发展期,未来中国金刚石首饰的供给变化趋势将更多地匹配中国金刚石首饰销售额的增长情况。

然而,欧债危机,亚洲国家的政治不稳定性和中国、印度经济增速放缓,这些都可能对金刚石的需求造成负面影响。

预计到2023年,中国将贡献全球金刚石市场增长的29%,这主要得益于中产阶层扩大(如农村人口迁入城市)。目前的预测表明,到2023年中产阶层将增加2倍的规模,金刚石毛坯的需求将增加1倍以上,约至50亿美元。中产阶级家庭目前只占中国人口的19%,但预测认为至2023年这一比例将高达44%。

主要参考文献

白文吉,杨经绥,ROBINSON P,等,2001.西藏罗布莎蛇绿岩铬铁矿中金刚石的研究[J].地质学报,75(3):404-409.

蔡秀成,郭九皋,陈丰,等,1986.湖南砂矿金刚石中顺磁氮的分配特点和金刚石归类问题[J].矿物学报(3):5-12.

蔡逸涛,2006."SPEED"快速钻石切工评价:NCJV 的钻石切工评估方法[J].云南地质,25(1):86-89.

蔡逸涛,2015.安徽栏杆金刚石成矿规律与苏皖地区金刚石找矿靶区优选[R].南京:中国地质调查局南京地质调查中心.

蔡逸涛,2018.江苏白露山含金刚石母岩特征研究成果报告[R].南京:中国地质调查局南京地质调查中心.

蔡逸涛,陈国光,2014.全国金刚石找矿总体方案[R].南京:中国地质调查局南京地质调查中心.

蔡逸涛,陈国光,2015.国外金刚石调查情报(2014)[R].南京:中国地质调查局南京地质调查中心.

蔡逸涛,陈国光,张洁,等,2014.安徽栏杆地区橄榄辉长岩地球化学特征及其与金刚石成矿的关系[J].资源调查与环境,35(4):245-253.

蔡逸涛,李立平,曾理明,2006.快速成形首饰的鉴定特征及其评估[J].宝石和宝石学杂志,8(4):35-38.

蔡逸涛,倪培,王国光,等,2017.赣东北东乡铜矿侵入岩与成矿年龄的确定及意义[J].地球科学,42(9):1495-1507.

蔡逸涛,施建斌,周琦忠,等,2020.徐州白露山含金刚石橄榄玄武岩地球化学特征及其岩浆演化特征[J].中国地质,48(6):1850-1864.

蔡逸涛,孙静昱,朱德茂,2009.翡翠估价前期的数据量化[J].宝石和宝石学杂志,11(3):34-37.

蔡逸涛,徐敏成,施建斌,等,2019.安徽栏杆含金刚石基性岩中辉石及钛铁矿矿物化学特征[J].地质通报,38(1):1-13.

蔡逸涛,杨献忠,康丛轩,2017.国内外金刚石成因认识现状[J].华东地质,38(增刊):95-102.

蔡逸涛,张洁,2015.安徽栏杆含金刚石母岩岩石学特征[J].地质论评,61(增刊1):608-609.

蔡逸涛,张洁,董钟斗,等,2018.皖北栏杆地区新元古代岩浆活动:含金刚石母岩 U-Pb 年代学及地球化学制约[J].中国地质,45(2):351-366.

蔡逸涛,张洁,康丛轩,等,2019.安徽栏杆含金刚石基性岩中石榴子石矿物学特征[J].地质通报,38(1):18-28.

蔡逸涛,张洁,施建斌,等,2020.华北克拉通南缘碱性基性岩金刚石成因探讨:来自红外光谱的证据[J].地质学报,94(9):2736-2747.

曹正琦,蔡逸涛,曾佐勋,等,2017.扬子克拉通北缘新元古代 A 型花岗岩的发现及大地构造意义[J].地球科学,42(6):957-973.

曹正琦,翟文建,蒋幸福,等,2016.华北克拉通南缘约 2.5Ga 构造变质事件及意义[J].地球科学,41(4):570-585.

陈华,丘志力,陆太进,等,2013.扬子克拉通及华北克拉通大陆岩石圈地幔碳同位素组成及其差异:金刚石碳同位素原位测试证据[J].科学通报,58(4):355-364.

陈美华,路凤香,1999.辽宁复县金刚石的阴极发光特征及其意义[J].地球科学,24(2):179-182.

迟广成,邹耀辛,汪寅夫,等,2012. 山东蒙阴金刚石矿床中铬铁矿红外谱学特征及找矿意义[J]. 地质与资源,21(1):156-159.

董振信,1991.中国金伯利岩中的钛铁矿[J].矿物学报,11(2):141-147.

郭九皋,邓尔森,薛理辉,等,1995.天然金刚石的振动光谱研究[J].人工晶体学报,24(1):68-71.

黄国锋,2008.高温高压下Ⅰb型宝石级金刚石的多晶种法合成[D].长春:吉林大学.

黄竺,杨经绥,朱永旺,等,2015.内蒙古贺根山蛇绿岩的铬铁矿中发现金刚石等深部地幔矿物[J].中国地质,42(5):1493-1514.

康丛轩,杨献忠,蔡逸涛,等,2018.桂北罗城地区水牛峒煌斑岩地球化学特征[J].长春工程学院学报(自然科学版),19(3):61-66.

康丛轩,杨献忠,蔡逸涛,等,2018.华北克拉通东南缘蚌埠隆起带荆山-涂山岩体地质地球化学特征再认识[J].现代地质,32(6):1242-1253.

康丛轩,杨献忠,蔡逸涛,等,2018.华北克拉通东南缘蚌埠隆起带早白垩世晚期二长花岗岩成因及动力学背景[J].地质学报,92(4):687-703.

李红军,蔡逸涛,2008.江苏溧阳软玉特征研究[J].宝石和宝石学杂志,10(3):16-19.

梁国科,吴祥珂,蔡逸涛,2020.桂北罗城地区云煌岩成因:地球化学及U-Pb年龄约束[J].地质通报,39(2/3):267-278.

林宇菲,2009.山东蒙阴开普系金刚石的宝石矿物学特征研究[D].昆明:昆明理工大学.

林宇菲,祖恩东,肖潇,2009.山东蒙阴金刚石的红外光谱特征及其分类[J].广西轻工业(132):14-16.

刘春花,杨林,尹京武,等,2011.新疆库鲁克塔格兴地塔格群中石榴石的矿物学特征研究[J].岩石矿物学杂志,30(2):234-242.

马瑛,王琦,丘志力,等,2018.湖南砂矿金刚石中石墨包裹体拉曼光谱原位测定:形成条件及成因指示[J].光谱学与光谱分析,36(8):1753-1757.

邱家骧,曾广策,1987.中国东部新生代玄武岩中低压单斜辉石的矿物化学及岩石学意义[J].岩石学报(4):1-9.

戎合,杨经绥,张仲明,等,2013.西藏罗布莎橄榄岩与中国大陆科学钻探主孔(CCSD-MH)榴辉岩中金刚石的红外特征初探[J].岩石学报,29(6):1861-1866.

施建斌,蔡逸涛,张琪,等,2017.徐州北部西村苦橄玢岩地球化学特征及其与金伯利岩的对比[J].地质学刊,41(4):535-541.

宋瑞祥,2013.闪光钻石:世界金刚石找矿史[M].北京:地质出版社.

孙静昱,胡爱萍,李红军,等,2009.翡翠评估价的量化探索[J].资源调查与环境,30(1):72-78.

孙媛,丘志力,陆太进,等,2012.显微红外光谱填图法示踪中国三个产地的天然钻石中氮杂质的非均匀生长[J].光谱学与光谱分析,32(8):2070-2074.

王玉峰,蔡逸涛,肖丙建,2020.郯庐断裂西侧大井头钾镁煌斑岩中金刚石激光拉曼和红外光谱特征研究[J].西北地质,53(1):35-48.

魏然,陈华,陆太进,等,2011.辽宁ⅠaB、ⅠaAB混合型金刚石的发现及其生长结构特征[J].岩石矿物学杂志,30(4):691-695.

肖燕,张宏福,范蔚茗,2008.华北晚中生代和新生代玄武岩中单斜辉石巨晶来源及其对寄主岩岩浆过程的制约:以莒南和鹤壁为例[J].岩石学报,24(1):65-76.

熊发挥,杨经绥,巴登珠,等,2014.西藏罗布莎不同类型铬铁矿的特征及成因模式讨论[J].岩石学报(8):2137-2163.

徐向珍,2009.藏南康金拉豆荚状铬铁矿和地幔橄榄岩成因研究[D].北京:中国地质科学院.

徐向珍,杨经绥,巴登珠,等,2015.西藏雅鲁藏布江缝合带东波地幔橄榄岩中金刚石的发现及地质意义[J].中国地质,42(5):1471-1482.

徐向珍,杨经绥,熊发挥,等,2018.西藏雅鲁藏布江缝合带中段日喀则地幔橄榄岩中发现金刚石等异常矿物[J].地质学报,92(5):1389-1400.

杨经绥,白文吉,方青松,等,2007.极地乌拉尔豆荚状铬铁矿中发现金刚石[J].中国地质,34(5):950-952.

杨经绥,徐向珍,白文吉,等,2014.蛇绿岩型金刚石的特征[J].岩石学报,30(8):2113-2124.

杨经绥,徐向珍,李源,等,2011.西藏雅鲁藏布江缝合带的普兰地幔橄榄岩中发现金刚石:蛇绿岩型金刚石分类的提出[J].岩石学报,27(11):3171-3178.

杨经绥,徐向珍,张仲明,等,2013.蛇绿岩型金刚石和铬铁矿深部成因[J].地球学报,34(6):643-653.

杨志军,梁榕,曾祥清,等,2012.山东蒙阴金刚石多晶的显微红外光谱研究及其成因意义[J].光谱学与光谱分析,32(6):1512-1518.

杨志军,彭明生,蒙宇飞,等,2007.金刚石中氮、氢含量的变化及在金刚石生长中的意义[J].光谱学与光谱分析,27(6):1066-1070.

袁婷,2009.华北地台和扬子地台金刚石生长过程的差异性及意义[D].武汉:中国地质大学(武汉).

曾祥清,郑云龙,杨志军,等,2013.湖南扬子地台砂矿金刚石的红外、拉曼特征及指示意义[J].光谱学与光谱分析,33(10):2694-2699.

张安棣,谢锡林,郭立鹤,1991.金刚石找矿指示矿物研究及数据库[M].北京:科学技术出版社.

张宏福,1990.上地幔的氧逸度与金刚石的成因[J].地质科技情报,9(1):9-15.

张健,陈华,陆太进,等,2011.山东金刚石晶体中氮片晶的分布特征及其表面微形貌[J].宝石和宝石学杂志,13(3):7-22.

张洁,蔡逸涛,董钟斗,等,2015.安徽栏杆金刚石矿物特征及其寄主母岩地球化学特征研究[J].宝石和宝石学杂志,17(5):1-11.

张洁,吕凤军,蔡逸涛,2016.安徽栏杆碱性基性岩型金刚石矿遥感影像特征[J].宝石和宝石学杂志,19(4):1-9.

赵倩怡,张攀,2012.褐黄色ⅠaA+Ⅰb型合成金刚石的光谱测试分析(下)[J].超硬材料工程,24(4):50-54.

赵欣,施光海,张骥,2015.岩石圈地幔中的金刚石及其矿物包裹体的研究进展[J].地球科学进展,30(3):310-322.

郑建平,2009.不同时空背景幔源物质对比与华北深部岩石圈破坏和增生置换过程[J].科学通报,54(14):1990-2007.

郑建平,路凤香,郭晖,等,1994.金刚石中流体包裹体的研究[J].科学通报,39(3):253-256.

郑建平,路凤香,GRIFFIN W L,等,2006.华北东部橄榄岩与岩石圈减薄中的地幔伸展和侵蚀置换作用[J].地学前缘,13(2):76-85.

郑建平,路凤香,余淳梅,等,2006.华北东部橄榄岩岩石化学特征及其岩石圈地幔演化意义[J].地球科学,31(1):49-56.

郑建平,平先权,夏冰,等,2013.华北深部岩石圈存在弱的新元古代热活动的同位素年代学信息:证据及意义[J].岩石学报,29(7):2456-2464.

郑建平,余淳梅,路凤香,等,2007.华北东部大陆地幔橄榄岩组成、年龄与岩石圈减薄[J].地学前缘,14(2):87-97.

郑建平,余淳梅,苏玉平,等,2009.中生代华北南缘带状岩石圈结构特征及其大陆形成演化意义[J].地球科学(中国地质大学学报),34(1):28-35.

郑永飞,2008.超高压变质与大陆碰撞研究进展:以大别-苏鲁造山带为例[J].科学通报,53(18):2129-2152.

AKAOGI M,AKIMOTO S,1977. Pyroxene-garnet solid-solution equilibria in the systems $Mg_4Si_4O_{12}$-$Mg_3Al_2Si_3O_{12}$ and $Fe_4Si_4O_{12}$-$Fe_3Al_2Si_3O_{12}$ at high pressures and temperatures[J].Physics of the Earth and Planetary Interiors,15(1):90-106.

ALLEN B P,EVANS T,1981. Aggregation of nitrogen in diamond,including platelet Formation [J].Mathematical and Physical Sciences,375(1760):93-104.

BASU S,JONES A P,VERCHOVSKY A B,et al., 2013. An overview of noble gas (He,Ne,Ar,Xe) contents and isotope signals in terrestrial diamond[J].Earth-Science Reviews,126:235-249.

BURGESS R,CARTIGNY P,HARRISON D,et al.,2009.Volatile composition of microinclusions in diamonds from the Panda kimberlite,Canada:implications for chemical and isotopic heterogeneity in the mantle [J]. Geochimica et Cosmochimica Acta,73(6):1779-1794.

CAI Y T,NI P,WANG G G,et al.,2016. Fluid inclusion and H-O-S-Pb isotopic evidence for the Dongxiang Manto-type copper deposit,South China[J].Journal of Geochemical Exploration,171(1):71-82.

CARTIGNY P,2010.Mantle-related carbonados? Geochemical insights from diamonds from the Dachine komatiite (French Guiana)[J].Earth and Planetary Science Letters,296(3/4):329-339.

CHEN Y H,YANG J S,XU Z Q,et al.,2018.Diamonds and other unusual minerals from peridotites of the Myitkyina ophiolite,Myanmar[J].Journal of Asian Earth Sciences,164:179-193.

CLARK C D,DAVEY S T,1984.One-phonon infrared absorption in diamond [J].Journal of Physics C:Solid State Physics,17(6):1127.

CRAIG H,1953.The geochemistry of the stable carbon isotopes [J].Geochimica et Cosmochimica Acta,3(2/3): 53-92.

DAVIES G,1976.The A nitrogen aggregate in diamond:its symmetry and possible structure[J].Journal of Physics C: Solid State Physics,9(19):L537-L542.

DAVIES G,1981.Decomposing the IR absorption spectra of diamonds[J].Nature,290:40-41.

DAWSON J B,1980.Kimberlites and their xenoliths[M].New York:Springer.

DAWSON J B,STEPHENS W E,1975.Statistical classification of garnets from kimberlite and associated xenoliths [J].The Journal of Geology,83(5):589-607.

DEINES P,HARRIS J W,GURNEY J J,1997.Carbon isotope ratios,nitrogen content and aggregation state,and inclusion chemistry of diamonds from Jwaneng,Botswana[J].Geochimica et Cosmochimica Acta,61(18):3993-4005.

DEINES P,STACHEL T,HARRIS J W,2009.Systematic regional variations in diamond carbon isotopic composition and inclusion chemistry beneath the Orapa kimberlite cluster,in Botswana[J].Lithos,112:776-784.

FAURE G,1977.Principles of isotope geology[M].New York:Wiley.

FEDORTCHOUK Y,MATVEEV S,CARLSON J A,2010.H_2O and CO_2 in kimberlitic fluid as recorded by diamonds and olivines in several Ekati Diamond Mine kimberlites,Northwest Territories,Canada [J].Earth and Planetary Science Letters,289(3/4):549-559.

GALIMOV E M,1985.The relation between formation conditions and variations in isotope composition of diamonds[J].Geochemistry International,22(1):118-141.

GRIFFIN W L,RYAN C G,1995.Trace elements in indicator minerals:area selection and target evaluation in diamond exploration[J].Journal of Geochemical Exploration,53(1):311-337.

HAINSCHWANG T,FRITSCH E,NOTARI F,et al.,2012.A new defect center in type Ib diamond inducing one phonon infrared absorption: the Y center[J].Diamond and Related Materials,21:120-126.

HANDLER M R,BAKER J A,SCHILLER M,et al.,2009.Magnesium stable isotope composition of Earth's upper mantle[J].Earth and Planetary Science Letters,282(1/4):306-313.

HARTE B,HARRIS J W,1994.Lower mantle mineral association preserved in diamonds[J]. Mineralogical Magazine, 58A:384-385.

HARTE B.2010.Diamond formation in the deep mantle:the record of mineral inclusions and their distribution in relation to mantle dehydration zones[J].Mineralogical Magazine,74(2):189-215.

HOWELL D,O'NEILL C J,GRANT K J,et al.,2012.μ-FTIR mapping:distribution of impurities in different types of diamond growth[J].Diamond and Related Materials,29:29-36.

HOWELL D,O'NEILL C,Grant K,et al.,2012.Platelet development in cuboid diamonds:insights from micro-FTIR mapping[J].Mineralogy and Petrology,164(6):1011-1025.

HOWELL D,WEISS Y,SMIT K V,et al.,2017.DiaMap:new applications for processing IR spectra of fluid-rich diamonds and mapping diamonds containing isolated nitrogen (Type Ib) and boron (Type IIb)[C].Gaborone,Botswana:Spring.

JAMTVERT B,RAGNARSDOTTIR K,WOOD B,1995.On the origin of zoned grossular-andradite garnets in hydrothermal systems[J].European Journal of Mineralogy,7(6):1399-1410.

JAMTVERT B,WOGELIUS R,FRASER D,1993.Zonation patterns of skarn garnets-records of hydrothermal system evolution[J].Geology,21(2):113-116.

JOSWIG W,STACHEL T,HARRIS J W,et al.,1999.New Ca-silicate inclusions in diamonds-tracers from the lower mantle[J].Earth and Planetary Science Letters,173:1-6.

KAMINSKY F,2012.Mineralogy of the lower mantle:a review of 'super-deep' mineral inclusions in diamond[J].Earth-Science Reviews,110(1/2/3/4):127-147.

KINZLER R J,1997.Melting of mantle peridotite at pressures approaching the spinel to garnet transition:application to mid-ocean ridge basalt petrogenesis[J].Journal of Geophysical Research,102(B1):853-874.

KOHN S C,SPEICH L,SMITH C B,et al.,2016.FTIR thermochronometry of natural diamonds:a closer look [J].Lithos,265:148-158.

KOPYLOVA M G,GURNEY J J,DANIELS L R,1997.Mineral inclusions in diamonds from the River Ranch kimberlite,Zimbabwe[J].Contributions to Mineralogy and Petrology,129(4):366-384.

KUSHIRO I,1960.Si-Al relation in clinopyroxenes from igneous rocks[J].American Journal of Science,258:548-554.

LAI M Y,BREEDING C M,STACHEL T,et al.,2020.Spectroscopic features of natural and HPHT-treated yellow diamonds [J/OL].Diamond and Related Materials,101:107642 (2019-11-13) [2020-10-20].http://doi.org/10.1016/j.diamand.2019.107642.

LAI M Y,STACHEL T,BREEDING C M,et al.,2020.Yellow diamonds with colourless cores:evidence for episodic diamond growth beneath Chidliak and the Ekati Mine,Canada[J].Mineralogy and Petrology,114(2):91-103.

MAEDA F,OHTANI E,KAMADA S,et al.,2017.Diamond formation in the deep lower mantle:a high-pressure reaction of $MgCO_3$ and SiO_2[J/OL].Scientific Reports,7:40602(2017-01-13)[2020-10-11].http://www.nature.com/articles/srep40602.pdf.DOI:10.1038/srep40602.

MASUN K,STHAPAK A V,SINGH A,et al.,2009.Exploration history and geology of the diamondiferous ultramafic Saptarshi intrusions,Madhya Pradesh,India[J].Lithos,112:142-154.

MCCANDLESS T E,LETENDRE J,EASTOE C J,1999.Morphology and carbon Isotope composition of microdiamonds from Dachine,French Guiana[J].The Agora Political Science Undergraduate Journal,2(1):500-502.

MCKENZIE D,BICKLE M J,1988.The volume and composition of melt generated by extension of the lithosphere[J].Journal of Petrology,29(3):625-679.

MELTON G L,STACHEL T,STERN R A,et al.,2013.Infrared spectral and carbon isotopic characteristics of micro-and macro-diamonds from the Panda kimberlite (Central Slave Craton,Canada)[J].Lithos,177:110-119.

MORIMOTO N,1988.Nomenclature of pyroxenes[J].Mineralogy and Petrology,39:55-76.

NAZZARENI S,SKOGBY H,ZANAZZI P F,2011.Hydrogen content in clinopyroxene phenocrysts from Salina mafic lavas (aeolian arc,Italy)[J].Contributions to Mineralogy and Petrology,162(2):275-288.

NI P,WANG G G,CAI Y T,et al.,2017.Genesis of the Late Jurassic Shizitou Mo deposit,South China:evidences from fluid inclusion,H-O isotope and Re-Os geochronology[J].Ore Geology Reviews,81:871-883.

OKUMURA S,2011.The H_2O content of andesitic magmas from three volcanoes in Japan,inferred from the infrared analysis of clinopyroxene[J].European Journal of Mineralogy,23(5):771-778.

ONO S,1999.High temperature stability limit of phase egg, $AlSiO_3(OH)$[J].Contributions to Mineralogy and Petrology,137(1/2):83-89.

PEARSON D G,BOYD F R,HAGGERTY S E,et al.,1994.The characterisation and origin of graphite in cratonic lithospheric mantle:a petrological carbon isotope and Raman spectroscopic study[J].Contributions to Mineralogy and Petrology,115(4):449-466.

RINGWOOD A E,MAJOR A,1971.Synthesis of majorite and other high pressure garnet and perovskites[J].Earth Planet Science Letters,12:411-418.

RINGWOOD A E,MAJOR A,RINGWOOD A E,et al.,1966.High pressure transformations in pyroxenes[J].Earth Planet Science Letters,1:351.

SCAMBELLURI M,PETTKE T,VAN ROERMUND H L M,2008.Majoritic garnets monitor deep subduction fluid flow and mantle dynamics[J].Geology,36(1):59-62.

SCHMIDT M W,FINGER L W,ANGEL R J,et al.,1998.Synthesis,crystal structure,and phase relations of $AlSiO_3OH$,a high-pressure hydrous phase[J].American Mineralogist,83(7/8):881-888.

SCHULZE D J,VALLEY J W,VILJOEN K S,et al.,1997.Carbon isotope composition of graphite in mantle eclogites[J].The Journal of Geology,105(3):379-386.

SMIT K V,SHIREY S B,RICHARDSON S H,et al.,2010. Re-Os isotopic composition of peridotitic sulphide inclusions in diamonds from Ellendale,Australia: age constraints on Kimberley cratonic lithosphere[J].Geochimica et Cosmochimica Acta,74(11):3292-3306.

SMIT K V,SHIREY S B,WANG W Y,2016.Type Ib diamond formation and preservation in the West African lithospheric mantle:Re-Os age constraints from sulphide inclusions in Zimmi diamonds[J].Precambrian Research,286:152-166.

SMITH C B,WALTER M J,BULANOVA G P,et al.,2016.Diamonds from Dachine,French Guiana:a unique record of Early Proterozoic subduction[J].Lithos,256:82-95.

SMITH E M,SHIREY S B,NESTOLA F,et al.,2016.Large gem diamonds from metallic liquid in Earth's deep mantle[J].Science,354(6318):1403-1405.

SMITH J V,MASON B,1970.Pyroxene-garnet transformation in Coorara meteorite[J].Science,168(3933):832-833.

SOBOLEV N V,YEFIMOVA E S,CHANNER D D,et al.,1998.Unusual upper mantle beneath Guaniamo,Guyana Shield,Venezuela:evidence from diamond inclusions[J].Geology,26(11):971-974.

SONG S G,ZHANG L F,NIU Y L,2015.Ultra-deep origin of garnet peridotite from the North Qaidam ultrahigh-pressure belt, Northern Tibetan Plateau, NW China[J].American Mineralogist,89(8/9):1330-1336.

SWART P K,1983.Carbon and oxygen isotope fractionation in scleractinian corals:a review[J].Earth-Science Reviews,19(1):51-80.

TAPPERT R,FODEN J,STACHEL T,et al.,2009.Deep mantle diamonds from South Australia:a record of Pacific subduction at the Gondwanan margin[J].Geology,37(1):43-46.

TAPPERT R,TAPPERT M C,2011.Diamonds in nature[M].Berlin:Springer.

TAYLOR W R,CANIL D,JUDITH MILLEDGE H,1996.Kinetics of Ib to IaA nitrogen aggregation in diamond[J]. Geochimica et Cosmochimica Acta,60(23):4725-4733.

TAYLOR W R,JAQUES A L,RIDD M,1990.Nitrogen-defect aggregation characteristics of some Australasian diamonds:ime-temperature constraints on the source regions of pipe and alluvial diamonds [J].American Mineralogist, 75(11/12):1290-1310.

THOMPSON R N,1974.Some high-pressure pyroxenes[J].Minerological Magazine,39:768-787.

TIMMERMAN S,KOORNNEEF J M,CHINN I L,et al.,2017.Dated eclogitic diamond growth zones reveal variable recycling of crustal carbon through time[J].Earth and Planetary Science Letters,463:178-188.

VAN ROERMUND H L M,DRURY M R,1998.Ultra-high pressure ($P > 6$ GPa) garnet peridotites in Western Norway: exhumation of mantle rocks from > 185 km depth[J].Terra Nova,10:295-301.

WALTER M J,KOHN S C,ARAUJO D,et al.,2011.Deep mantle cycling of oceanic crust:evidence from diamonds and their mineral inclusions[J].Science,334(6052):54-57.

WASS S Y,1979.Mutiple origine of clinopyroxenes in alkali basaltic rocks[J].Lithos,12:115-132.

WEISS K,DE FLORIANI L,2009.Diamond hierarchies of arbitrary dimension[J].Computer Graphics Forum,28(5): 1289-1300.

WEISS Y,KESSEL R,GRIFFIN W L,et al.,2009.A new model for the evolution of diamond-forming fluids: evidence from microinclusion-bearing diamonds from Kankan,Guinea[J].Lithos,112:660-674.

WICKMAN F E,1956.The cycle of carbon and the stable carbon isotopes[J].Geochimica et Cosmochimica Acta,9(3):136-153.

YANG J S,DOBRZHINETSKAYA L,BAI W J,et al.,2007.Diamond- and coesite-bearing chromitites from the Luobusa ophiolite,Tibet[J].Geology,35(10):875-878.

YANG J S,LI T F,CHEN S Z,et al.,2009.Genesis of garnet peridotites in the Sulu UHP Belt:examples from the Chinese continental scientific drilling project-main hole,PP1 and PP3 drillholes[J].Tectonophysics,475(2):359-382.

YANG J S,ROBINSON P T,DILEK Y,2014.Diamonds in ophiolites[J].Elements,10(2):127-130.

YANG J S,ROBINSON P T,XU X Z,et al.,2014.Ophiolite-type diamond: a new occurrence of diamond on the Earth[J].Elements,10:127-130.

YANG J,XU Z,DOBRZHINETSKAYA L F,et al.,2003.Discovery of metamorphic diamonds in central China: an indication of a > 4000-km-long zone of deep subduction resulting from multiple continental collisions[J]. Terra Nova,15(6):370-379.

ZEDGENIZOV D A,RAGOZIN A L,SHATSKY V S,et al.,2009.Mg and Fe-rich carbonate-silicate high-density fluids in cuboid diamonds from the Internationalnaya kimberlite pipe (Yakutia)[J].Lithos,112:638-647.

ZHU X T,NI P,WANG G G,et al.,2016.Fluid inclusion,H-O isotope and Pb-Pb age constraints on the genesis of the Yongping copper deposit,South China[J].Journal of Geochemical Exploration,171:55-70.

■ 后 记

笔者自本科就读于中国地质大学（武汉）珠宝学院时便开始接触宝石学知识，至今已有20年了，不曾想步入工作后的第一年就开始参与到第三轮全国金刚石找矿的工作。全国的金刚石找矿工作已有将近60年，期间虽有过停顿，但也保留了一批专业找矿队伍和技术骨干。笔者在南京地质调查中心工作的时候，在不断向老一辈学习专业知识的同时，也在不断地汲取老一辈金刚石找矿人的精神。听说过找不到矿誓不嫁娶的故事，也被抬棺上山找金刚石的悲壮感动过……正是这些精神在不断激励着我们，也激励着地质工作者坚守底线、不忘初心。我们也有过彷徨和迷惑，也曾有过短暂的迷失……希望这本书能在给大家带来一些知识的同时，也能把老一辈金刚石人"特别能吃苦，特别能战斗"的精神传递给大家。

本书资料的收集和整理工作持续了2年，真正开始动笔写作其实是在加拿大疫情暴发后我在埃德蒙顿居家隔离期间。因为疫情的原因，原定在阿尔伯塔大学进行的金刚石实验和测试工作全部暂停了，但恰好给了机会让我静心完成这本科普图书。

因为地质人工作的特殊性，常年出差、出野外，奔波于全国山水之间，不能陪伴在家人身边，对幼子辰子总是心存愧疚，希望通过这本书让辰子长大之后能够明白他的父亲在做什么，也算是送他的一份礼物吧！

蔡逸涛

2020年10月18日于埃德蒙顿